# イモムシ
ハンドブック

安田守 著／高橋真弓・中島秀雄 監修

## 本書の使い方・凡例

　本書はチョウ・ガ（鱗翅目）の幼虫であるイモムシの入門書です。日本にはチョウ類約300種、ガ類約5500種が生息しています。本書ではこのうち身近な環境で普通に見られる種、農作物などに見られる種、形態・生態が特徴的な種を中心に、チョウ類91種、ガ類135種、計226種を掲載しました。

　種名を調べるには、まずp6-15の一覧ページで大きさ、形態、色彩から大まかな見当をつけてから、それぞれの種の解説ページで確認すると調べやすいでしょう。正確な同定には刺毛の配列など顕微鏡下の観察が必要な場合がありますが、入門書である本書では肉眼やルーペによる観察にとどめました。

　本書の掲載種数には限りがあります。掲載されていないイモムシはより詳しい幼虫図鑑で調べるか、あるいは羽化するまで飼育し成虫図鑑で調べてください。また、フィールドに出かける前に、本書で形態、分布、食物、出現期間などを調べておき、野外でのイモムシ探索の手がかりとしてご活用下さい。

### 解説
- **体** 体長：終齢幼虫の体長の目安（mm）
- **開** 成虫開張（mm）
- **齢** 齢数
- **発** 幼虫発生期・越冬態：終齢幼虫発生期間の目安、越冬時の発育段階
- **分** 分布：北海道、本州、四国、九州（屋久島、種子島を含む）、南西諸島を頭文字で示した。
- **食** 食物：幼虫の主な食物
- **特** 特徴：形態、生態の特徴、近似種との区別点など

### 成虫写真
成虫の生体、または標本写真を掲載した。

### 科名・和名・学名
「日本産蝶類標準図鑑（学研）」（チョウ類）、「List-MJ日本産蛾類総目録（大図鑑体系）」（ガ類）に準拠した。

### インデックス
- ■ チョウ類
- ■ ガ類

### 幼虫アップ写真
基本的に、終齢幼虫の生体写真を撮影日・採集地・採集時の食物データとともに掲載し、識別点を引き出し線で示した。倍率は写真ごとに異なる。

### 蛹などの写真
種によって、卵、若-中齢、蛹、繭、巣、生態写真を掲載した。

# イモムシとは

## ■イモムシとは

イモムシは芋虫とも書き、もともとはサトイモに発生するセスジスズメやサツマイモに発生するエビガラスズメの幼虫などを指し、そこから毛の少ない棒状の幼虫一般に使われるようになったようです。一方、刺毛が密生するヒトリガ科の幼虫などには毛虫という呼び名も使われます。

本書ではこれら鱗翅目幼虫を総称してイモムシと呼びます。成虫になるとチョウやガになる幼虫です。

## ■イモムシの特徴

日本には、チョウ類5科約300種、ガ類80科約5500種のイモムシが生息しています。

多くはイモムシ型や毛虫型ですが、分類群、生活様式に応じた多様な形態が見られます。生態的には、主に生きた植物を食物としていますが、腐植食性、菌食性、肉食性、寄生性と様々なものがいます。

ちなみに、チョウは成虫昼行性の数グループの総称で、チョウとガのイモムシを区別する大きなちがいはありません。

## ■イモムシに似た幼虫

鱗翅目以外にもイモムシに似た幼虫がいます。ハチ目ハバチ類、甲虫目などがあります。

ハチ目コンボウハバチ科（ウスキモモブトハバチ）。腹脚が5対以上あるものが多い。

甲虫目クワガタムシ科（ノコギリクワガタ）。通常、大腮が発達し腹脚を欠く。

**イモムシの体**

## ■イモムシの一生

イモムシは卵からふ化し、成長後は蛹、成虫へと完全変態を行います。主に幼虫期に摂食して体を大きくし、成虫期に分散と生殖を行います。

イモムシは摂食によって皮膚がいっぱいに伸びるまで成長すると、眠の後、外側のクチクラ層を脱ぎ（脱皮）、内側に用意された新しくより大きい伸縮性のある皮膚をまとい、再び摂食するということをくりかえします。脱皮回数、齢数は種や条件により異なります。

卵　幼虫　蛹　成虫　アゲハ

## ■蛹化と蛹、繭

イモムシは十分に成熟すると蛹化します。

蛹には、チョウ類では、腹端を糸座で固定し胸部を帯糸で支える帯蛹と、腹端を固定しぶら下がる垂蛹の2種類があります。ガ類では、土中に潜って蛹化するもの、葉などでつくった巣の中で蛹化するもの、糸で繭をつくりその中で蛹化するものなどがいます。

## ■食性

イモムシの多くが被子植物、裸子植物、シダ植物、コケ植物などの植物を食物としています。葉のほか、芽、蕾、花、果実、種子も多く、茎や材、根を食べるものもしばしば見られます。特定の植物のみを食べるスペシャリストから広範囲の植物を食べるジェネラリストがいます。また、地衣類、菌類、腐植物、繊維類を食べるもの、あるいは他の昆虫を食べたり、寄生したり、巣材を食べたりするものなどがいます。

## ■天敵

イモムシには各種の天敵がいます。捕食性の天敵には、鳥類、トカゲ類、クモ類、アシナガバチ類、ムシヒキアブ類、カメムシ類、カマキリ類などがいます。寄生性の天敵も多く、ヤドリバチ類、ヤドリバエ類がいます。病気をひきおこすウイルス、冬虫夏草などの菌類も死亡要因の一つです。

## ■防御

イモムシは天敵に対する様々な防御方法をもっています。

天敵に出会わないようにする手段として、隠蔽擬態がよく知られており、他にも巣や蓑をつくってかくれるなどの方法があります。

天敵に出会った際の防御手段として、眼状紋、肉角、振動、発音などを用いる威嚇、擬死行動、あるいは体に毒毛や毒をもつという方法などがあります。

チャミノガ（蓑）　クワコ（眼状紋）　クロアゲハ（肉角）　フクラスズメ（振動）

# イモムシを探そう

イモムシの食物、生活様式は様々です。探索フィールドはあらゆる場所といってもいいかもしれません。それでも、多くのイモムシは植物の葉の上もしくは近くにいて葉を食べています。草地や森林など植物の多い場所が主な観察地になるでしょう。人家、田畑、雑木林などがそろった里山なら植物の種類が多く絶好の環境です。

## ■イモムシサインを見つけよう

イモムシの多くはかくれたりまぎれたりしています。とくに未見の種類ではその姿がなかなか目に入らないものです。そんなときはイモムシサインを探しましょう。イモムシが活動すると葉に食痕が残り、糞が排出されます。とくに大型種では目立ちます。造巣性のある種は巣を見つけることが一番の近道です。

コミスジの食痕

コチャバネセセリの巣

ヒメクロイラガの糞

## ■イモムシの採集

イモムシを採集するときは、直接触れずに植物ごと採集するようにします。よく切れる剪定ばさみで枝ごと切り、タッパーやビニール袋に入れ、温度、湿度に注意して運びます。ビニール袋は蒸れやすく、種類によっては穴をあけるので注意します。植物の種類、採集場所、環境など、重要な情報は記録しておきます。

なお、ドクガ科、イラガ科、カレハガ科、マダラガ科の一部は毒刺毛があります。十分注意してください。

ほかに、メス成虫から採卵飼育しイモムシを入手する方法もあります。

## ■イモムシを飼育しよう

飼育にあたっての基本は生息環境を再現することです。

容器は、小-中型種はプリンカップ、ビニール袋、中-大型種はプラスチックケース、網袋などを使います。スペースと食草が十分にあれば、ケースなしが湿気がこもらずおすすめです。食草はできるだけ新鮮なものを用意し、水差しにするか根元を湿らせた綿とアルミホイルかビニール袋で包みます。下には掃除や湿度調節のために新聞紙やペーパータオルをしきます。容器内を清潔に、食草を新鮮な状態に保ちます。

水差しの食草での飼育

成熟したら蛹化の準備をします。土中に潜るものは、腐植質の少ない土を入れます。蛹は、羽化時の翅伸ばしスペースを十分とれる別の容器にうつします。

ビニール袋での飼育

飼育したイモムシや成虫は、飼育しつづけるか、標本にします。野外には放さないようにしましょう。

## イモムシ掲載種一覧 （サイズはすべて原寸大）

アゲハ（ナミアゲハ） ● （p.16）

キアゲハ ● （p.16）

ナガサキアゲハ ● （p.17）

モンキアゲハ ● （p.17）

シロオビアゲハ ● （p.17）

クロアゲハ ● （p.18）

オナガアゲハ ● （p.18）

カラスアゲハ ● （p.18）

ミヤマカラスアゲハ ● （p.19）

アオスジアゲハ ● （p.20）

ギフチョウ ● （p.19）

ヒメギフチョウ ● （p.19）

ウスバアゲハ（ウスバシロチョウ） ●
（p.20）

ジャコウアゲハ ● （p.20）

# イモムシ掲載種一覧 (サイズはすべて原寸大)

テングチョウ● (p.32)
サカハチチョウ● (p.32)
ヒメアカタテハ● (p.32)
キタテハ● (p.33)
アカタテハ● (p.33)
ヒオドシチョウ● (p.34)
シータテハ● (p.33)
ルリタテハ● (p.34)
クジャクチョウ● (p.34)
メスグロヒョウモン● (p.35)
イシガケチョウ● (p.35)
ツマグロヒョウモン● (p.36)
ミドリヒョウモン● (p.35)
ミスジチョウ● (p.37)
スミナガシ● (p.36)
コミスジ● (p.37)
ホシミスジ● (p.37)
イチモンジチョウ● (p.38)
アサマイチモンジ● (p.38)
ゴマダラチョウ● (p.39)
アカボシゴマダラ● (p.39)

チョウ類　タテハチョウ科●／セセリチョウ科●

コムラサキ● (p.39)
オオムラサキ● (p.40)
ヒメウラナミジャノメ● (p.40)
コジャノメ● (p.40)
ヒメジャノメ● (p.41)
オオヒカゲ● (p.41)
ジャノメチョウ● (p.41)
クロコノマチョウ● (p.42)
クロヒカゲ● (p.42)
ヒカゲチョウ● (p.43)
ヒメキマダラヒカゲ● (p.43)
サトキマダラヒカゲ● (p.43)
アサギマダラ● (p.44)
カバマダラ● (p.44)
アオバセセリ● (p.45)
ダイミョウセセリ● (p.45)
ホソバセセリ● (p.46)
ミヤマセセリ● (p.46)
スジグロチャバネセセリ● (p.47)
コチャバネセセリ● (p.46)
バナナセセリ● (p.47)
キマダラセセリ● (p.47)
チャバネセセリ● (p.48)
オオチャバネセセリ● (p.48)
イチモンジセセリ● (p.48)

9

# イモムシ掲載種一覧 (サイズはすべて原寸大)

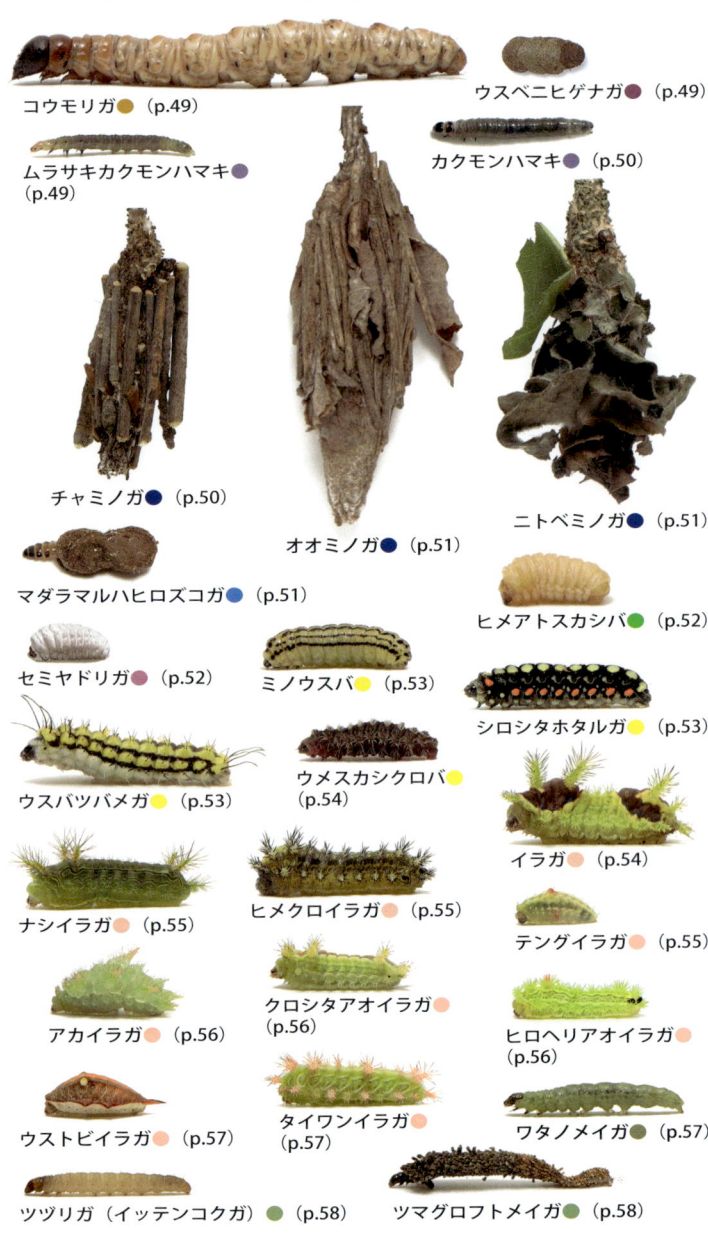

# イモムシ掲載種一覧 (サイズは×0.6、シャチホコガ科のみ×0.8)

## イモムシ掲載種一覧 (サイズはすべて原寸大)

スギドクガ● (p.84)
リンゴドクガ● (p.85)
マメドクガ● (p.85)
スゲオオドクガ● (p.85)
マイマイガ● (p.86)
エルモンドクガ● (p.86)
ウチジロマイマイ● (p.87)
カシワマイマイ● (p.87)
チャドクガ● (p.88)
モンシロドクガ● (p.88)
クロモンドクガ● (p.87)
ドクガ● (p.88)
キドクガ● (p.89)
アメリカシロヒトリ● (p.89)
ヒトリガ● (p.89)
リンゴコブガ● (p.90)
ナシケンモン● (p.91)
カブラヤガ● (p.91)
ニセタマナヤガ● (p.91)

ガ類 ドクガ科●／ヒトリガ科●／コブガ科●／ヤガ科●

アケビコノハ● (p.90)
ハイイロセダカモクメ● (p.92)
キバラモクメキリガ● (p.92)
オオシマカラスヨトウ● (p.92)
キノカワガ● (p.93)
サラサリンガ（サラサヒトリ）● (p.93)
カバシタリンガ● (p.93)
シラホシコヤガ● (p.94)
シロマダラコヤガ● (p.94)
モモイロツマキリコヤガ● (p.94)
エゾベニシタバ● (p.95)
ベニシタバ● (p.95)
オニベニシタバ● (p.95)
エゾシロシタバ● (p.96)
キシタバ● (p.96)
フクラスズメ● (p.96)
キンイロエグリバ● (p.97)
ミナミエグリバ● (p.97)
アヤシラフクチバ● (p.97)

チョウ類　アゲハチョウ科

## アゲハ (ナミアゲハ)
*Papilio xuthus*

体 55 mm ほど 開 68 - 96 mm 齢 5 齢 発 春 - 秋 3 - 4 回、蛹越冬 分 北 - 南 食 サンショウ類、ミカン類、キハダ、カラタチ（ミカン科）特 サンショウやミカンでよく見る、胸部に眼状紋のあるアゲハイモムシ。

臭角は橙色
緑-青緑色の斜帯
終齢幼虫
2006.6.11 長野県 サンショウ
腹脚に白斑が並ぶ

卵
底面が平らな球形

1齢

2齢

3齢

4齢

1-4齢は、黒褐色-褐色に白斑のある鳥糞状。光沢がないのが特徴

蛹 ×0.5
緑色と褐色がある。キアゲハよりも中胸背面の突起が長い
成虫 ×0.3

庭のサンショウなど身近な環境にも発生する

## キアゲハ
*Papilio machaon*

体 50 mm ほど 開 70 - 90 mm 齢 5 齢 発 春 - 秋 1 - 4 回、蛹越冬 分 北 - 九 食 ミツバ、ハマボウフウ、シシウド、ニンジン、パセリなど広くセリ科。特 黄緑色と黒色の縞模様、散在する橙色点が特徴のアゲハイモムシ。

臭角は橙色
1-3齢は鳥糞様で、2,3齢は橙色斑がある
終齢幼虫
2004.10.29 長野県
蛹 ×0.5
成虫 ×0.3

チョウ類　アゲハチョウ科

## ナガサキアゲハ
*Papilio memnon*

体 70 mm ほど 開 90 - 120 mm 齢 5 齢 発 春 - 秋 3 - 4 回、蛹越冬 分 本 - 南 食 ミカン類、カラタチなど（ミカン科）特 日本産アゲハチョウ科最大級のイモムシ。近年、本州各地でも見られるようになってきている。

終齢幼虫
頭部は淡緑色
後胸部と腹部中央の斜帯は白色部が多い
臭角は橙色
3-4 齢は緑色を帯びた鳥糞様
2009.7.21 宮崎県 ブンタン
蛹 × 0.5
成虫♀ × 0.2

## モンキアゲハ
*Papilio helenus*

体 60 mm ほど 開 110 mm ほど 齢 5 齢 発 春 - 秋 2 - 3 回、蛹越冬 分 本 - 南 食 カラスザンショウ、ハマセンダン、ミカン類など（ミカン科）特 暖地に多いアゲハイモムシ。蛹は曲がる角度が大きく、頭部の突起が左右に開く。

臭角は紅色　地色は黄緑色　第7腹節背面の斑紋は消えることがある
終齢幼虫
2009.10.7 長野県 ユズ
中央部の斜帯は斑模様のある紫褐色で、背部で途切れる
蛹 × 0.6
成虫 × 0.2

## シロオビアゲハ
*Papilio polytes*

体 40 - 45 mm 開 70 - 85 mm 齢 5 齢 発 ほぼ周年 分 南 食 サルカケミカン、ヒラミレモン、ナツミカンなど（ミカン科）特 体色が青緑色をした南国のアゲハイモムシ。4齢までは鳥糞様の配色。

臭角は赤色で長い
斜帯は褐色で白い縁取りがあり、背部では切れている
2009.3.19 沖縄県 ヒラミレモン
終齢幼虫
頭部の突起が短い
蛹 × 0.6
成虫 × 0.3

チョウ類　アゲハチョウ科

## クロアゲハ
*Papilio protenor*

[体] 55 mm ほど [開] 80 - 120 mm [齢] 5 齢 [発] 春 - 秋 2-4 回、蛹越冬、八重山諸島では周年 [分] 本 - 南 [食] カラスザンショウ、サンショウ、ミカン類、カラタチなど（ミカン科）[特] ナミアゲハとともに普通に見られるアゲハイモムシ。

終齢幼虫
臭角は赤色
2009.8.12 長野県 カラタチ
斜帯は茶褐色で淡色の網目模様があり、背面で切れない
1-4 齢幼虫は鳥糞様
蛹 ×0.5
成虫 ×0.2

## オナガアゲハ
*Papilio macilentus*

[体] 45 mm ほど [開] 85 - 100 mm [齢] 5 齢 [発] 春 - 初秋 1-3 回、蛹越冬 [分] 北 - 九 [食] コクサギ、カラタチ、サンショウ類、ミヤマシキミなど（ミカン科）[特] 細長く淡青緑色のアゲハイモムシ。コクサギを好む。

中胸部の横帯は暗褐色
終齢幼虫
2007.10.7 長野県
斜帯は黒紫色で網目状の模様がなく、背面で切れている。
臭角は淡黄褐色
蛹は細長い
蛹 ×0.5
成虫 ×0.2

## カラスアゲハ
*Papilio dehaanii*

[体] 50 mm ほど [開] 80 - 120 mm [齢] 5 齢 [発] 春 - 秋 1 - 4 回、蛹越冬 [分] 北 - 南 [食] コクサギ、カラスザンショウ、キハダ、ハマセンダンなど（ミカン科）[特] 鎌首をもたげる姿がヘビを連想させるアゲハイモムシ。

2009.7.11 長野県 コクサギ
終齢幼虫
臭角は橙黄色
第 9 腹節後縁の突起は小さい
眼状紋下の黄色帯は、背面で連続しない
蛹 ×0.5
成虫 ×0.2

チョウ類　アゲハチョウ科

## ミヤマカラスアゲハ
*Papilio maackii*

体 50 mm ほど 開 80 - 130 mm 齢 5 齢 発 春 - 秋 2-3 回、蛹越冬 分 北 - 九 食 キハダ、カラスザンショウ、ハマセンダンなど（ミカン科） 特 カラスアゲハによく似たアゲハイモムシ。食樹選択の幅が狭い。

終齢幼虫　眼状紋下の黄色帯は背面でつながっている
第9腹節後縁の突起は前種よりも大きい
2009.7.30 長野県 キハダ
腹脚側面に細い黒線がある（矢印）
蛹 ×0.5　成虫 ×0.2

## ギフチョウ
*Luehdorfia japonica*

体 35 mm ほど 開 50 - 60 mm 齢 5 齢 発 春 - 初夏 1 回、蛹越冬 分 本 食 ヒメカンアオイなどのカンアオイ類、ウスバサイシンなどのウスバサイシン類（ウマノスズクサ科） 特 黒い毛虫的イモムシ。翌春のスプリングエフェメラルとなる。

地色はつや消しの黒色　全体に黒色の毛が生える　臭角は橙色
若齢は葉裏で集団生活し、終齢になるにつれ分散する
終齢幼虫
2009.6.14 長野県 ヒメカンアオイ
1齢幼虫　蛹 ×0.7　成虫 ×0.3

## ヒメギフチョウ
*Luehdorfia puziloi*

体 30 mm ほど 開 45 - 55 mm 齢 5 齢 発 春 - 初夏 1 回、蛹越冬 分 北 - 本 食 オクエゾサイシン、ウスバサイシンなど（ウマノスズクサ科） 特 黄色の斑点列のある黒色の毛虫的イモムシ。摂食時以外は食草近くの地面などに静止している。

側面に黄色の斑紋列がある　終齢幼虫　臭角は橙色
斑紋部などに白色の毛がある
2009.6.25 長野県 ウスバサイシン

3-4齢までは葉裏で群生する。

成虫 ×0.3

チョウ類　アゲハチョウ科

## ウスバアゲハ（ウスバシロチョウ）
*Parnassius citrinarius*

[体]40 mmほど[開]50 - 60 mm[齢]5齢[発]春1回、卵越冬[分]北 - 四[食]ムラサキケマン、ジロボウエンゴサク、エゾエンゴサクなど（ケシ科）[特]春まだ浅い時期から活動する、黒に朱色ラインのイモムシ。枯れ葉の下などに薄い繭をつくって蛹化する。

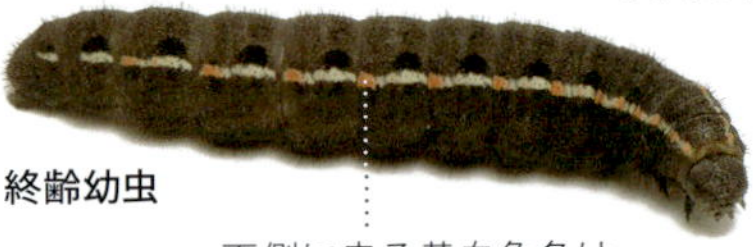

全体に短い黒色毛が生える

臭角は橙色

終齢幼虫

両側に走る黄白色条は、各節後端近くで朱色

2009.4./長野県ムラサキケマン

蛹 ×0.7

成虫 ×0.3

## ジャコウアゲハ
*Byasa alcinous*

[体]40mmほど[開]75 - 100 mm[齢]5齢[発]初夏 - 秋1 - 4回、蛹越冬[分]本 - 南[食]ウマノスズクサ、オオバウマノスズクサなど（ウマノスズクサ科）[特]全身を肉質の突起におおわれた特異な姿。目立つ配色は捕食者への警戒色とされる。

中央部に白色の横帯

第7腹節の突起は白色

肉質突起の先は赤色

終齢幼虫

地色は黒色だが淡色部が斑状にある

2009.6.27 長野県ウマノスズクサ

蛹 ×0.6

成虫 ×0.3

## アオスジアゲハ
*Graphium sarpedon*

[体]40 - 45 mm[開]60 mmほど[齢]5齢[発]春 - 秋2 - 4回、蛹越冬[分]本 - 南[食]クスノキ、タブノキ、ニッケイ、ヤブニッケイなど（クスノキ科）[特]小さな眼状紋をもつ暖地性のアゲハイモムシ。葉表に糸で座をつくり、静止場所とする。

体色は全体緑色

胸部には小さな眼状紋をつなぐように黄色の横帯

終齢幼虫

臭角は橙色

2009.7.15 神奈川県クスノキ

胸部背面の突起が前方に突出

蛹 ×0.6

成虫 ×0.3

チョウ類　シロチョウ科

## モンシロチョウ
*Pieris rapae*

体 28 mm ほど 開 40 - 50 mm 齢 5 齢 発 春 - 秋数回、蛹越冬（暖地では幼虫、蛹、成虫) 分 北 - 南 食 キャベツなどの栽培種とイヌガラシなどの野生種（アブラナ科) 特 畑の作物や人里雑草のアブラナ科植物で広く見かける青虫。

卵　　1齢

2齢　　3齢　　4齢

体色は1齢幼虫で薄黄色、2齢からは黄緑色。

2009.5.4
長野県
アブラナ

背線は淡黄色　　体色は黄緑色

胴部の毛は無色のものが多く目立たない

終齢幼虫

各腹節の気門線上に2黄色紋

緑色 - 褐灰色まで変異がある

蛹 ×1

幅広くずんぐりした形で、頭頂、中胸、第2-3腹節の突起が小さい

成虫 ×0.6

畑の作物にもよく発生する

## エゾスジグロシロチョウ *
*Pieris napi*

体 24 mm ほど 開 40 - 50 mm 齢 5 齢 発 春 - 秋 2-4 回、蛹越冬 分 北 - 九 食 ヤマハタザオなどのハタザオ類（本、九など）、コンロンソウ（北）など（アブラナ科) 特 スジグロシロチョウによく似た青虫。幼虫での識別はむずかしい。

体色はやや濃い青緑色

終齢幼虫

各腹節の気門周辺にある橙黄色斑は一つで目立たない

2009.6.17
長野県
ハタザオ類の1種

蛹 ×1 　　成虫 ×0.4

＊近年、本種はエゾスジグロシロチョウ P. dulcinea とヤマトスジグロシロチョウ P. nesis の2種であると判明した。ここでは従来の P. napi として解説した。

## スジグロシロチョウ
*Pieris melete*

🟪体 30 mm ほど 🟦開 50 - 60 mm 🟩齢 5 齢 🟧発 春 - 秋 1-4 回、蛹越冬 🟩分 北 - 九 🟥食 タネツケバナ、イヌガラシなどの野生種、ダイコン、アブラナ、ワサビなど栽培種（アブラナ科）🟧特 アブラナ科の栽培種・野生種で見られる、モンシロチョウに似た青虫。

体型は前種より細長い
背線は目立たない
体色は緑色
全身に黒い毛
毛の基部は黒く隆起していて目立つ

終齢幼虫

2009.7.7
長野県
イヌガラシ

蛹 ×1

モンシロチョウに比べ頭頂、中胸、第2-3腹節の突起が大きい

成虫 ×0.5

## キタキチョウ
*Eurema mandarina*

🟪体 30 mm ほど 🟦開 40 mm ほど 🟩齢 5 齢 🟧発 春 - 秋数回、成虫越冬 🟩分 本 - 南 🟥食 ネムノキ、メドハギ、クサネム、ハギ類（マメ科）、リュウキュウクロウメモドキ（クロウメモドキ科）など 🟧特 ネムノキなどの葉脈や葉柄に沿うようにひそむ青虫。

体色は青緑色

終齢幼虫

2008.10.15
東京都
ネムノキ

気門線は白色でくっきりしている

蛹 ×1

成虫 ×0.5

## スジボソヤマキチョウ
*Gonepteryx aspasia*

🟪体 35 - 40 mm 🟦開 55 - 62 mm 🟩齢 5 齢 🟧発 春 - 初夏 1 回、成虫越冬 🟩分 本 - 九 🟥食 クロウメモドキ、クロツバラなど（クロウメモドキ科）🟧特 他のシロチョウ科と比べ大型の青虫。成虫は初夏に羽化したあと越冬、翌春に産卵。

体色は緑色

終齢幼虫

2009.5.15
長野県
クロウメモドキ

気門は白色

蛹 ×1

成虫 ×0.4

チョウ類　シロチョウ科●／シジミチョウ科●

## モンキチョウ●
*Colias erate*

体 30 - 33 mm 開 40 - 50 mm 齢 5 齢 発 通年 2-6 回、幼虫越冬 分 北 - 南 食 シロツメクサ、コマツナギなど（マメ科）特 開けた環境のマメ科植物によく見られるイモムシ。糞をはねとばす習性がある。

体色は緑色　気門線は黄白色でよく目立つ

終齢幼虫

各節の気門後方に赤橙色点、その下に黒色斑がある

2008.11.1 長野県 シロツメクサ

蛹 ×1　成虫 ×0.5

## ツマキチョウ●
*Anthocharis scolymus*

体 26mm ほど 開 45 - 50 mm 齢 5 齢 発 春 - 初夏 1 回、蛹越冬 分 北 - 九 食 ジャニンジン、イヌガラシ、ハタザオ類など（アブラナ科）特 食草の果実やその付近に沿うように止まっていて見つけにくい。

終齢幼虫

背面は青白緑色で、気門下線に向かって白くなる

2008.5.9 長野県 タネツケバナ

気門下線の下方は緑色

蛹 ×1

側面がくの字状に曲がり、頭部がとげ状に鋭く突出する

成虫♂ ×0.5

## ゴイシシジミ●
*Taraka hamada*

体 10 mm ほど 開 24 - 30 mm 齢 4 齢 発 春 - 秋 2-4 回、成虫越冬 分 北 - 九 食 タケツノアブラムシなどのアブラムシ類 特 日本産チョウ類唯一の純肉食性イモムシ。アブラムシが発生するササ類に見られる。

体色は白色で、黒斑が列状にある

胴部に細毛が、外周に長毛がある

終齢幼虫

2009.7.14 長野県

アブラムシからとったロウ状白粉を体全体に付着させている

蛹 ×2 　成虫 ×0.7

23

チョウ類　シジミチョウ科

## ウラギンシジミ
*Curetis acuta*

体 20mmほど 開 38-40mm 齢 4齢 発 春-秋2-4回、成虫越冬（南西諸島で周年）分 本-南 食 フジ、エンジュ、クズなどの蕾、花、果実、幼葉（マメ科）特 尾部に突起をそなえる特異な姿のワラジ形イモムシ。

2009.7.1 長野県 フジ

第8腹節背面に1対の筒状突起があり、刺激を受けると上端からブラシ状の突起を出す

終齢幼虫

体色は緑色-赤紫色まで変異がある

蛹 ×1　成虫 ×0.5

## ムラサキシジミ
*Narathura japonica*

体 18mmほど 開 32-37mm 齢 4齢 発 春-秋1-4回、成虫越冬 分 本-南 食 アラカシ、ウバメガシ、イチイガシ、ウラジロガシ、コナラ、クヌギなど（ブナ科）特 ブナ科の枝先の若葉を丸めてひそむ扁平なイモムシ。

2009.3.12 沖縄県 アマミアラカシ

蜜腺があり、よくアリが群がる

終齢幼虫

体色は全体淡黄緑色で、成熟に近づくと外周部が紅色を帯びる

蛹 ×1　成虫 ×0.5

## ムラサキツバメ
*Narathura bazalus*

体 21mmほど 開 35-40mm 齢 4齢 発 春-秋2-4回、成虫越冬 分 本-南 食 マテバシイ、シリブカガシなど（ブナ科）特 北進して分布を広げつつある暖地性のシジミチョウ。ムラサキシジミとは胴部の短毛の形が異なる。

終齢幼虫

2009.7.7 神奈川県 マテバシイ

葉を丸めた巣の天井部にいて、葉を食べる

体色は淡黄緑色

しばしばアリ類をともなう

蛹 ×1　成虫 ×0.5

チョウ類　シジミチョウ科

## ウラゴマダラシジミ
*Artopoetes pryeri*

**体** 18 mm ほど **開** 40 - 45 mm **齢** 4 齢 **発** 春 1 回、卵越冬 **分** 北 - 九 **食** イボタノキ、ミヤマイボタ、ハシドイなど（モクセイ科） **特** 腹部前半部がふくらむシジミチョウイモムシ。食樹の芽吹きに合わせ早春から活動する。

2009.4.24 長野県 イボタノキ

胸の背線部に一部黄色に縁取られた赤褐色紋

体色は緑色

終齢幼虫

卵

卵は赤紅色で中央部が盛り上がる麦わら帽子状

蛹 ×1

成虫 ×0.4

## ムモンアカシジミ
*Shirozua jonasi*

**体** 19 mm ほど **開** 38 - 42 mm **齢** 4 齢 **発** 春 - 初夏 1 回、卵越冬 **分** 北 - 本 **食** クヌギ、コナラ（ブナ科）などの葉およびアブラムシ類、カイガラムシ類 **特** 形態、半肉食性の習性が特異なワラジ形イモムシ。他のミドリシジミ類より出現期は遅め。

2009.5.23 長野県 コナラ

終齢幼虫

体色は紫灰色で、周縁部と背部の隆起部は橙褐色

樹上では多数のアリが群がる

蛹 ×1

成虫 ×0.4

## アカシジミ
*Japonica lutea*

**体** 17 mm ほど **開** 35 - 42 mm **齢** 4 齢 **発** 初夏 1 回、卵越冬 **分** 北 - 九 **食** コナラ、クヌギ、アラカシ、アカガシなど（ブナ科） **特** 薄黄緑色のワラジ形イモムシ。葉の裏面や葉柄部に静止していることが多い。次種と異なり、造巣性はない。

終齢幼虫

腹部背面に突起はない

気門は白色

2009.5.2 長野県 コナラ

中央部やや前方で幅広く、前後方に向かって細まる体型

成虫 ×0.6

25

チョウ類　シジミチョウ科

## ウラナミアカシジミ
*Japonica saepestriata*

体 19 mm ほど　開 40 - 45 mm　齢 4 齢　発 初夏 1 回、卵越冬　分 北 - 四
食 クヌギ、アベマキ、コナラなど（ブナ科）
特 背中の突起と紋が目印の、落葉樹を好むワラジ形イモムシ。3 齢までは葉をつづって巣をつくる習性がある。

第1-5腹節にそれぞれ突起がある
腹部背面に目立つ赤褐色紋
2009.5.6 長野県 コナラ
体色は薄黄緑色
終齢幼虫
蛹 ×1
成虫 ×0.7

## ミズイロオナガシジミ
*Antigius attilia*

体 16 mm ほど　開 30 - 35 mm　齢 4 齢　発 春 - 初夏 1 回、卵越冬　分 北 - 九
食 コナラ、クヌギ、ミズナラ、ウラジロガシ、アカガシなど（ブナ科）
特 細長く、断面が三角形に近いゼフィルスイモムシ。葉裏に静止していることが多い。

第1-6腹節の背線部に突起列
背線は薄黄色
終齢幼虫
胸部稜線上、腹部稜線両側に黄白色の長毛がある
2009.5.9 長野県 コナラ
蛹 ×1
成虫 ×0.7

## オナガシジミ
*Araragi enthea*

体 18 mm ほど　開 30 - 35 mm　齢 4 齢　発 初夏 1 回、卵越冬　分 北 - 九
食 オニグルミなど（クルミ科）
特 ほぼオニグルミのみに依存するゼフィルス。細長いワラジ形体型で、淡黄緑色。活動時期はゼフィルス類の中で遅め。

背線は緑色で稜にはならない
終齢幼虫
各節ごとに黄白色の斜条がある
2009.5.29 長野県 オニグルミ
1 齢幼虫 
成虫 ×0.5

## ウラミスジシジミ（ダイセンシジミ）

*Wagimo signatus*

体 17 mm ほど 開 30 - 35 mm 齢 4 齢 発 初夏 1 回、卵越冬 分 北 - 九 食 コナラ、クヌギ、ミズナラ、カシワ、ナラガシワなど（ブナ科）特 細長い体型、大きく角ばった尾部、背中の斑紋など、識別しやすいゼフィルス。

体色は青緑色

背部に、第 6 腹節の三角形の白斑をはじめ、独特の条や斑紋

2009.4.27 長野県 フモト ミズナラ

第 8 腹節後縁部が側方に大きく張り出す

蛹 ×1　終齢幼虫　成虫 ×0.8

## エゾミドリシジミ

*Favonius jezoensis*

体 19 mm ほど 開 30 - 40 mm 齢 4 齢 発 初夏 1 回、卵越冬 分 北 - 九 食 ミズナラ、コナラ、カシワ、クヌギ、ツクバネガシ、ウラジロガシなど（ブナ科）特 ミズナラ林を好むゼフィルス。枝のくぼみ、分岐部などに静止していることが多い。

体色は灰緑色 - 濃褐色まで変異がある

終齢幼虫

2009.6.4 長野県 ミズナラ

各節の斜白条の内側が淡色、外側に暗褐色の縁取り

枝又に張り付く幼虫（矢印）

成虫♂ ×0.5

## オオミドリシジミ

*Favonius orientalis*

体 19 mm ほど 開 35 - 40 mm 齢 4 齢 発 初夏 1 回、卵越冬 分 北 - 九 食 コナラ、ミズナラ、クヌギ、アラカシ、アカガシ、ウラジロガシ（ブナ科）など 特 低地から山地まで広く見られるゼフィルス。静止場所は、葉、幹、枝の分枝など様々。

地色は灰紫色 - 薄墨色

終齢幼虫

2009.5.19 長野県 コナラ

節間のくびれは強い

第 8 腹節後端の側方への張り出しが大きい

蛹 ×1　成虫 ×0.7

## クロミドリシジミ
*Favonius yuasai*

体 19mm ほど 開 35-40 mm 齢 4 齢 発 初夏1回、卵越冬 分 本・九 食 クヌギ、アベマキなど（ブナ科）特 地衣類の付着した樹皮によく似た色彩のゼフィルスイモムシ。昼間は枝や樹幹にいて、夜間に摂食する。

地色は緑色を帯びた銀灰色
2009.5.19 長野県 クヌギ
終齢幼虫
各節の側方へのふくらみは大きい
白色斜条の外側が黒条でくっきりと縁取られる
蛹 ×1
成虫 ×0.7

## ミドリシジミ
*Neozephyrus japonicus*

体 19 mm ほど 開 30-40 mm 齢 4 齢 発 初夏1回、卵越冬 分 北-九 食 ハンノキ、ヤマハンノキ、ミヤマハンノキなど（カバノキ科）特 全幼虫期を通して、ハンノキなどの若葉をつづって巣をつくる習性をもつゼフィルス。

背線は緑色で太い
地色は淡緑色
終齢幼虫
2009.5.9 長野県 ハンノキ
ミドリシジミ類で最も細長い体型
巣
蛹 ×1
成虫 ×0.7

## トラフシジミ
*Rapala arata*

体 17 mm ほど 開 32-36 mm 齢 4 齢 発 春-秋ほぼ2回、蛹越冬 分 北-九 食 フジ、クズ、ハギ類（マメ科）、ウツギ（ユキノシタ科）、リンゴ（バラ科）ほか多数 特 食物の蕾、花、果実にまぎれる色彩のワラジ形イモムシ。

体色は紅色、緑色、白褐色など変異が大きい
終齢幼虫
亜背部は各節で強く隆起
2009.5.13 長野県 ウツギ
各節は三角形状に強く突出する
蛹 ×1
成虫 ×0.8

チョウ類　シジミチョウ科

## ベニシジミ
*Lycaena phlaeas*

[体]15 mmほど[開]27 - 35 mm[齢]4齢[発]通年数回、幼虫越冬[分]北 - 九[食]スイバ、ヒメスイバ、ギシギシ、エゾノギシギシ、ノダイオウなど（タデ科）[特]タデ科草本によく見られる、紅色が美しいワラジ形イモムシ。

スイバを食べる終齢幼虫（矢印）

卵
大きな六角網目状の隆起が特徴

1齢

2齢　凹凸は小さく、上方から見ると伸びたワラジ形

3齢

終齢（全体緑色の個体）

2009.3.23
長野県
スイバ

終齢幼虫　体色は全体緑色 - 緑色の地色に背線や側縁部が紅色のものまである

蛹 ×1.5

成虫 ×1

## ヤマトシジミ
*Zizeeria maha*

[体]12 mmほど[開]20 - 29 mm[齢]4 - 5齢[発]ほぼ通年3回以上、越冬態不定[分]本 - 南[食]カタバミ（カタバミ科）[特]舗装の割れ目のカタバミにも発生する、最も人為的環境に適応したシジミチョウの一つ。刺激を受けると落下する習性がある。

体色は淡緑色と紫紅色がある
背線は暗緑色

2009.7.24
長野県
カタバミ

終齢幼虫

凹凸が少なく上方から見るとワラジ形

蛹 ×1.5

成虫 ×1

チョウ類　シジミチョウ科

## ツバメシジミ

*Everes argiades*

[体] 11 - 12 mm [開] 20 - 30 mm [齢] 4 齢 [発] ほぼ通年 2 回以上、幼虫越冬 [分] 北 - 南 [食] コマツナギ、レンゲ、シロツメクサ、ナンテンハギ、ヤマハギなど多くのマメ科植物 [特] ほぼ全国に普通に生息するシジミチョウ。マメ科植物の蕾、花を好む。

やや細長いワラジ形の体型

体色は淡緑色で目立つ斑紋はない

2009.7.8
長野県

終齢幼虫

葉表から葉脈、裏皮を残すようにして食べる

蛹 ×1.5

成虫 ×0.9

## ヤクシマルリシジミ

*Acytolepis puspa*

[体] 13 mm ほど [開] 20 - 32 mm [齢] 4 齢 [発] 周年、越冬態不定 [分] 本 - 南 [食] イスノキ（マンサク科）、ノイバラ（バラ科）、ウバメガシ（ブナ科）、ヤマモモ（ヤマモモ科）など [特] 暖地性のワラジ形イモムシ。樹木の新芽、若葉を好む。

体色は緑色で、紅色を帯びるものもいる

終齢幼虫

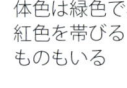

2009.11.10
宮崎県
イスノキ

凹凸は少なく、後半部は体幅が次第に細まる

蛹 ×1.5

成虫♂ ×0.7

## ルリシジミ

*Celastrina argiolus*

[体] 13 mm ほど [開] 22 - 23 mm [齢] 4 齢 [発] 春 - 秋 2-6 回、蛹越冬 [分] 北 - 南 [食] フジ、クララ、クズ、ハギ類（マメ科）、ミズキ（ミズキ科）、イタドリ（タデ科）など [特] マメ科の蕾や花、果実を好むシジミチョウ。食草に合わせるように体色も変化に富む。

2009.7.8
長野県

終齢幼虫

体色は淡緑色、紫紅色、乳黄色、白色など変化に富む

背線は濃色でやや太い

蛹 ×1.5

成虫 ×0.9

## ウラナミシジミ
*Lampides boeticus*

[体] 17 mm ほど [開] 28 - 34 mm [齢] 4 齢 [発] 暖地で通年数回、越冬態不定 [分] 本 - 南 [食] マルバハギ、クズ、フジ、ソラマメ、エンドウ、アズキなどのマメ科植物 [特] 暖地で発生し、世代を重ねながら北上するシジミチョウ。

体色は橙褐色を帯びた淡緑色
2008.11.1 沖縄県 フジマメ
終齢幼虫
背線は濃色で太い
節間がくびれた細長いワラジ形の体型
各節に淡色の斜条
長野県では秋以降に成虫が見られる
成虫 ×0.8

## クロマダラソテツシジミ
*Chilades pandava*

[体] 14 mm ほど [開] 26 mm ほど [齢] 4 齢 [発] 周年、越冬態不定（主に幼虫）[分] 本 - 南 [食] ソテツ（ソテツ科）[特] 東南アジア生息のシジミチョウだが、近年、南西諸島、九州、四国、本州の一部で発生が知られるようになった。

やや細長いワラジ形
2009.6.10 沖縄県 ソテツ
体色は黄緑色 - 緑色
終齢幼虫
成虫 ×1

## ミヤマシジミ
*Lycaeides argyrognomon*

[体] 13 mm ほど [開] 27 - 30 mm [齢] 4 齢 [発] 初夏 - 秋 2-5 回、卵越冬 [分] 本 [食] コマツナギ（マメ科）[特] 河川敷などに多いコマツナギに依存するシジミチョウ。花穂、果実を好んで食べる。クロヤマアリなどのアリ類が集まる。

2009.6.28 長野県 コマツナギ
細長いワラジ形
終齢幼虫
節間のくびれは大きくない
背線は濃緑色で太い
基線は黄白色でくっきりしている
蛹 ×1.5
成虫 ×0.9

## テングチョウ
*Libythea lepita*

体 25 mm ほど 開 40 - 50 mm 齢 5 齢 発 初夏 1 回、2 回の地域もある、成虫越冬 分 北 - 南 食 エノキ、エゾエノキ、クワノハエノキ（ニレ科）など 特 細円筒形のイモムシ。葉表で前半身を持ち上げ背を丸めた姿勢でいることが多い。

終齢幼虫 / 背線、気門線は黄色 / 2009.5.9 長野県 / 全体に緑色の個体（上）、下半分が褐色の個体（下）、全体が紫褐色の個体がいる / 蛹 ×1 / 成虫 ×0.7

## サカハチチョウ
*Araschnia burejana*

体 26 mm ほど 開 35 - 40 mm 齢 5 齢 発 春・秋 2-3 回、蛹越冬 分 北 - 九 食 コアカソ、クサコアカソなど（イラクサ科）特 頭部に長い突起をもつタテハチョウ。葉裏に体を曲げて静止していることが多い。

2009.9.2 長野県 コアカソ / 終齢幼虫 / 体色には、全体が黒褐色の個体、背線、突起などが黄褐色になる個体がいる  / 蛹 ×1 / 成虫 ×0.5

## ヒメアカタテハ
*Cynthia cardui*

体 40 mm ほど 開 40 - 50 mm 齢 5 齢 発 通年数回、越冬態不定 分 北 - 南（越冬可能は関東以南）食 ハハコグサ、ヨモギ、ゴボウ（キク科）、カラムシ（イラクサ科）など 特 明るく開けた環境の草本に生息するタテハチョウ。全幼虫期で造巣性がある。

全体に灰白色の棘状突起が生える / 2009.8.25 長野県 ヨモギ / 終齢幼虫 / 巣 / 蛹 ×1 / 成虫 ×0.4

チョウ類　タテハチョウ科

## アカタテハ
*Vanessa indica*

体 40 mm ほど 開 60 mm ほど 齢 5 齢 発 九州以北で春-秋2-4回、成虫越冬、南西諸島で周年 分 北-南 食 カラムシ、ヤブマオ、イラクサ（イラクサ科）、ケヤキ、ハルニレ（ニレ科）など 特 葉を折って柏餅状の巣をつくるタテハチョウ。

地色は黒褐色、黄色の斑点と条紋
終齢幼虫
2008.7.15 長野県
全身に黄色（暗化した個体で褐色）の棘状突起
巣
蛹 ×0.9
成虫 ×0.3

## キタテハ
*Polygonia c-aureum*

体 32 mm ほど 開 50-60 mm ほど 齢 5 齢 発 春-秋2-5回、成虫越冬 分 北-九 食 カナムグラ、カラハナソウ（クワ科）、アサ（アサ科）、ホソバイラクサ（イラクサ科）特 荒れ地のカナムグラなどに生息し、葉裏を内側にした巣をつくる。

地色は暗褐色で、各節に黄褐色の不連続な条と横線が入る
終齢幼虫
2009.8.7 長野県 カナムグラ
全身に黄褐色の棘状突起
淡色個体の地色は淡褐色
巣
蛹 ×1
成虫 ×0.3

## シータテハ
*Polygonia c-album*

体 33 mm ほど 開 45-55 mm ほど 齢 5 齢 発 春-秋1-3回、成虫越冬 分 北-九 食 エノキ、ハルニレ、アキニレ、オヒョウ（ニレ科）、カラハナソウ（クワ科）など 特 背中と突起の黄白色が美しいタテハチョウ。

棘状突起は黄白色
背面に明るい黄白色の紋
終齢幼虫
地色は淡黒色
側面に橙色斑
2006.6.9 長野県 エノキ
蛹 ×1
成虫 ×0.5

チョウ類　タテハチョウ科

## ヒオドシチョウ
*Nymphalis xanthomelas*

[体] 45 mm ほど [開] 60 - 70 mm [齢] 5 齢 [発] 春 - 初夏 1 回、成虫越冬 [分] 北 - 九 [食] エノキ、ハルニレ（ニレ科）、エゾヤナギ、シダレヤナギ、ネコヤナギ（ヤナギ科）など [特] 集団で発生し、ときに食樹を丸坊主にするタテハチョウ。

中後胸の突起がほかより大きい　地色は黒色で、黄白色の斑紋がある　背線は黒色

黒い棘状突起　終齢幼虫　2009.5.20 長野県 エノキ

群集する　蛹 ×0.6　成虫 ×0.4

## クジャクチョウ
*Inachis io*

[体] 43 mm ほど [開] 55 mm ほど [齢] 5 齢 [発] 初夏 - 夏 2 回、寒冷地で夏 1 回、成虫越冬 [分] 北 - 本 [食] カラハナソウ（クワ科）、ホソバイラクサ（イラクサ科）、ハルニレ（ニレ科）など [特] 全身が黒いトゲイモムシ。全幼虫期で群集性がある。

地色はビロード状の黒色　全体に細い黒色の棘状突起

2008.6.15 長野県 カラハナソウ　終齢幼虫　腹脚は褐色

群集する 　蛹 ×0.6　成虫 ×0.4

## ルリタテハ
*Kaniska canace*

[体] 43 mm ほど [開] 50 - 65 mm [齢] 5 齢 [発] 春 - 秋 1-3 回、成虫越冬、南西諸島で周年 [分] 北 - 南 [食] サルトリイバラ、ホトトギス、ヤマユリ、カラスキバサンキライ（ユリ科）など [特] タテハチョウ科では珍しいユリ科食のトゲイモムシ。

全体によく目立つ黄白色の棘状突起　2009.9.16 長野県

終齢幼虫

地色は紫黒色で、橙色の斑紋と横線がコントラストをなす

蛹 ×0.6　成虫 ×0.4

チョウ類　タテハチョウ科

## イシガケチョウ
*Cyrestis thyodamas*

体 44 mm ほど 開 45 - 55 mm 齢 5 齢 発 九州で春 - 秋 4-5 回、成虫越冬、南西諸島で周年 分 本 - 南 食 イヌビワ、イチジク、イタビカズラ（クワ科）、ヤエヤマネコノチチ（クロウメモドキ科）など 特 暖地性の特異なトゲイモムシ。

第2腹節、第8腹節背面に…大型の突起　終齢幼虫

2008.10.15
沖縄県
ハマイヌビワ

背面は鮮緑色、気門下線の下は褐色

頭部に長く湾曲する1対の角状突起

蛹 ×0.6　成虫 ×0.3

## メスグロヒョウモン
*Damora sagana*

体 40 - 43 mm 開 65 - 75 mm 齢 5 齢 発 春 - 初夏 1 回、1 齢幼虫越冬 分 北 - 九 食 タチツボスミレ、ツボスミレ、エイザンスミレ、アメリカスミレサイシンなど（スミレ科）特 樹林近くで次種とともに普通に見られるヒョウモンチョウの一つ。

地色はビロード状の黒色

背線は目立たない

終齢幼虫

2009.5.28
長野県
アメリカスミレサイシン

全体に橙色の棘状突起

前胸の突起が長い

蛹 ×0.6　成虫♂ ×0.4

## ミドリヒョウモン
*Argynnis paphia*

体 42 - 45 mm 開 65 - 80 mm 齢 5 齢 発 初夏 1 回、卵と 1 齢幼虫越冬 分 北 - 九 食 タチツボスミレ、スミレ、シロスミレ、ニオイスミレ、パンジー、アメリカスミレサイシンなど（スミレ科）特 ヒョウモンチョウ類の中では最も森林的環境を好む。

2本の背線は黄色でよく目立つ　2009.5.25 長野県

前胸の突起がとても長い

終齢幼虫

地色は黒色で部分的に橙褐色が混じる

全体に橙褐色の棘状突起

蛹 ×0.6　成虫 ×0.4

チョウ類　タテハチョウ科

## ツマグロヒョウモン
*Argyreus hyperbius*

体 40 - 45 mm 開 60 - 70 mm 齢 5 - 6 齢 発 春 - 晩秋数回、幼虫および蛹越冬、南西諸島で周年 分 本 - 南 食 スミレ科の野生種、栽培種 特 生息地拡大中の、目立つ配色をしたヒョウモンチョウ。庭先の栽培スミレにも発生する。

地色は黒色　背線は1本ではっきりとした橙赤色
終齢幼虫
全体に棘状突起があり、橙赤色と黒色
2009.7.10 宮崎県 ビオラ
蛹 ×1
成虫♀ ×0.4

## スミナガシ
*Dichorragia nesimachus*

体 55 mm ほど 開 55 - 65 mm 齢 5 齢 発 初夏 - 秋2回、蛹越冬 分 本 - 南 食 アワブキ、ミヤマハハソ、ヤマビワ、ナンバンアワブキなど（アワブキ科）特 頭部に長い突起、胴部に鞍掛状の模様をそなえた、特異なイモムシ。

2009.7.14 長野県 アワブキ
鞍掛状の白緑色部
終齢幼虫は葉表生活
前胸-第2腹節の背面は濃緑色
頭部に1対の外側へ湾曲する大きな角状突起
終齢幼虫

卵
蛹 ×1
蛹 ×1
虫食いのある枯れ葉様で、野外で発見しにくい

中齢幼虫（矢印）中脈に食べ残した葉片をカーテンのようにつるす（'中脈タテハ'と呼ばれる）

若齢幼虫（矢印）の巣

成虫 ×0.4

チョウ類　タテハチョウ科

## ミスジチョウ
*Neptis philyra*

体 27 mm ほど 開 55 - 70 mm 齢 5 - 6 齢 発 春 - 初夏 1 回、幼虫越冬 分 北 - 九 食 イロハモミジ、ヤマモミジ、オオモミジ（カエデ科）など 特 カエデに生息する枯葉色の色彩の中脈タテハ。根元を補強した枯れ葉上で越冬する。

終齢幼虫
中胸、後胸（最長）、第2・8腹節、尾端（ごく小さい）に突起

2009.5.3 長野県 カエデの1種

背面は鞍掛状に黄褐色 第8,9腹節側面に青緑色斑

蛹 ×1

越冬幼虫（矢印）

成虫 ×0.3

## ホシミスジ
*Neptis pryeri*

体 24 mm ほど 開 45 - 60 mm 齢 5 齢 発 春 - 秋 1-3 回、幼虫越冬 分 本 - 九 食 シモツケ、ホザキシモツケ、イワシモツケ、ユキヤナギなど（バラ科）特 尾部の青い斑がよく目立つ中脈タテハ。

中胸、後胸、第2・8腹節に突起

地色は淡褐色で、黒褐色の斜条などが入る

第6-10腹節側面に三角形の青白色斑

終齢幼虫

2009.5.2 長野県 ユキヤナギ

蛹 ×1

成虫 ×0.6

## コミスジ
*Neptis sappho*

体 24 mm ほど 開 45 - 55 mm 齢 5 齢 発 春 - 冬 1-4 回、幼虫越冬 分 北 - 九 食 クズ、フジ、ニセアカシアほか多くのマメ科植物など 特 最も普通に見られる中脈タテハ。葉の先から溝状に食べ、中脈に葉片をつるす独特の食痕を残す。

中胸、後胸、第2・8腹節に突起

2009.7.1 長野県 クズ

終齢幼虫

鞍掛状の淡色部

地色は淡褐色と灰白緑色がある

蛹 ×1

中脈を残す独特の食痕

成虫 ×0.4

チョウ類　タテハチョウ科

## イチモンジチョウ
*Ladoga camilla*

🟦体 25 mm ほど 🟩開 45 - 55 mm 🟧齢 5 齢 🟥発 春 - 秋 1-4 回、幼虫越冬 🟪分 北 - 九 🟧食 スイカズラ、キンギンボク、タニウツギ、ヤブウツギなど（スイカズラ科）🟥特 林縁部や森林、渓谷などに生息する緑色のトゲイモムシ。葉表や茎に静止している。

地色は濃緑色で、全体に白色の微小な隆起

2009.5.14
長野県
スイカズラ

終齢幼虫

第 7・8 腹節の突起はほぼ同長

亜背部に棘状突起列がある

蛹 ×1

成虫 ×0.4

## アサマイチモンジ
*Ladoga glorifica*

🟦体 27 mm ほど 🟩開 45 - 55 mm 🟧齢 5 齢 🟥発 春 - 秋 3-4 回、幼虫越冬 🟪分 本 🟧食 スイカズラ（スイカズラ科）など 🟥特 特にスイカズラを好む緑色のトゲイモムシ。

卵

1 齢

1齢幼虫の食痕と糞の伸長物

地色は鮮緑色で、全体に白色の微小な隆起

亜背部の棘状突起は前種より長い

第 7 腹節の突起は第 8 腹節のより長い

終齢幼虫

2009.9.23
長野県
スイカズラ

前種に比べ、頭部突起が小さい

蛹 ×1

葉をつづった巣の中で越冬する

成虫 ×0.4

チョウ類　タテハチョウ科

## ゴマダラチョウ
*Hestina japonica*

[体] 39 mm ほど [開] 60 - 85 mm [齢] 5-6 齢 [発] 春 - 秋 1-3 回、幼虫越冬 [分] 北 - 九 [食] エノキ、エゾエノキ、クワノハエノキ（ニレ科）[特] 頭部に長い角のあるナメクジ形イモムシ。葉表に糸で座をつくり静止する。食樹の根元の落ち葉で越冬する。

地色は青緑色、ときに亜背部に紅褐色条

中胸、第 4・7 腹節亜背部に計 3 対の突起

尾端は二又に開いている

2009.5.9 長野県 エゾエノキ

終齢幼虫

蛹 ×0.6　成虫 ×0.3

## アカボシゴマダラ
*Hestina assimilis*

[体] 40 mm ほど [開] 75 - 85 mm [齢] 5 齢 [発] 奄美では春 - 秋 4-5 回、幼虫越冬 [分] 本（埼玉、神奈川）・南（奄美大島周辺）[食] クワノハエノキ、エノキ（ニレ科）[特] ゴマダラチョウによく似たナメクジ形イモムシ。従来の分布は奄美のみ、関東は人為分布。

亜背部に計 4 対の突起があり、先が丸みを帯びることが多い

尾端は完全に二又には開かない

2009.11.4 神奈川県 エノキ

終齢幼虫

蛹 ×0.6　成虫 ×0.3

## コムラサキ
*Apatura metis*

[体] 38 mm ほど [開] 55 - 70 mm [齢] 5 齢 [発] 春 - 秋 3-4 回、幼虫越冬 [分] 北 - 九 [食] コゴメヤナギ、シダレヤナギ、ドロノキ、ヤマナラシ、ポプラなど（ヤナギ科）[特] ヤナギ類に生息する角のあるナメクジ形イモムシ。食樹の枝や幹で越冬する。

細長い体型

第 4 腹節亜背に、1 対だけ突起がある

2009.5.11 長野県 ヤナギ科の1種

終齢幼虫

体色は緑色、黄色の微小突起を散布

蛹 ×0.6　成虫♂ ×0.3

39

チョウ類　タテハチョウ科

## オオムラサキ
*Sasakia charonda*

体 57 mm ほど 開 75 - 100 mm 齢 5-6 齢 発 春 - 初夏 1 回、幼虫越冬 分 北 - 九 食 エノキ、エゾエノキ（ニレ科）特 エノキ類に生息する大型のナメクジ形イモムシ。葉の上に糸で座をつくり静止場所とする。食樹の根元の落ち葉で越冬する。

地色は緑色、黄色の微小突起を散布

中胸、第 2・4・7 腹節亜背部に計 4 対の突起

尾端は二又に開いている

終齢幼虫

2009.5.15 長野県 エゾエノキ

蛹 ×0.5

成虫♂ ×0.3

## ヒメウラナミジャノメ
*Ypthima argus*

体 24 mm ほど 開 33 - 40 mm 齢 5 齢 発 春 - 秋 1-4 回、幼虫越冬 分 北 - 九 食 チヂミザサ、ススキ、チガヤ、スズメノカタビラ、アシボソ、メヒシバ（イネ科）など 特 成虫ほどには幼虫を見かけないジャノメチョウ。食草の種類が多い。

地色は淡黄褐色

背線は幅広く淡褐色

2009.7.23 長野県

側面には数本の淡色線が走る

終齢幼虫

蛹 ×1

成虫 ×0.7

## コジャノメ
*Mycalesis francisca*

体 33 mm ほど 開 40 - 50 mm 齢 5 齢 発 春 - 冬 2-3 回、幼虫越冬 分 本 - 九 食 アシボソ、チヂミザサ、コチヂミザサ、オオアブラススキなど（イネ科）特 やや薄暗い林内の下草に生息するジャノメチョウ。

太く短い体型

頭部に三角形の角状突起

2009.10.6 長野県

終齢幼虫

体色は淡褐色で、暗褐色の背線、各節両側の斑、斜条がある

蛹 ×1

成虫 ×0.5

チョウ類　タテハチョウ科

## ヒメジャノメ
*Mycalesis gotama*

体 34 mm ほど 開 40 - 50 mm 齢 5 齢 発 春 - 秋 2-4 回、幼虫越冬 分 北 - 九 食 ススキ、ジュズダマ、チガヤ（イネ科）、カサスゲ、シラスゲ（カヤツリグサ科）など 特 田んぼの畦など明るい環境に生息するジャノメチョウ。

頭部に三角形の角状突起　やや細長い体型

終齢幼虫

体色は淡黄緑色（左）と淡褐色（右）がある

2009.5.16 長野県 カヤツリグサ科の1種

蛹 ×1　成虫 ×0.5

## オオヒカゲ
*Ninguta schrenckii*

体 60 - 70 mm 開 65 - 75 mm 齢 5 齢 発 初夏 1 回、幼虫越冬 分 北 - 本 食 カサスゲ、テキリスゲなどのスゲ類（カヤツリグサ科）特 ジャノメチョウ類の中で最も大きな細長いイモムシ。スゲ類の葉に静止していると見分けがつきにくい。

頭部にやや外側に開く長い突起

終齢幼虫

2009.6.1 長野県 カヤツリグサ科の1種

地色は淡緑 - 黄緑色で、青緑色や黄色の縦線が走る

尾端にやや開く細くとがった突起

蛹 ×1　成虫 ×0.3

## ジャノメチョウ
*Minois dryas*

体 38 mm ほど 開 50 - 65 mm 齢 5 齢 発 初夏 - 夏 1 回、幼虫越冬 分 北 - 九 食 ススキ、ノガリヤス、チガヤ（イネ科）、ショウジョウスゲ、ヒカゲスゲ（カヤツリグサ科）など 特 摂食時以外は食草の根元近くにひそんでいることが多いジャノメチョウ。

頭部に突起はなく、3対の黒褐色条　終齢幼虫

2009.6.15 長野県

地色は淡褐色で、数本の黒褐色条が走る

蛹 ×1　成虫 ×0.3

41

チョウ類　タテハチョウ科

## クロコノマチョウ
*Melanitis phedima*

[体]50 mmほど [開]60-80 mm [齢]5齢 [発]初夏-秋2-3回、成虫越冬 [分]本-南 [食]ススキ、ジュズダマ、ヨシ、ツルヨシなど（イネ科） [特]大きな体、毛の生えた角が特徴のジャノメチョウ。北と南で分布を拡大しつつある。

2008.9.11
長野県
ツルヨシ

体色は黄緑色

終齢幼虫

蛹 ×1

頭部には1対の長い円柱状突起があり、顔面も含め長い毛が生える

成虫 ×0.3

## クロヒカゲ
*Lethe diana*

[体]35 mmほど [開]45-55 mm [齢]4-5齢 [発]春-秋1-4回、幼虫越冬 [分]北-九 [食]メダケ、ゴキダケ、アズマネザサ、クマザサなどのタケ・ササ類（イネ科） [特]ササの葉裏で生活する、角の目立つヒカゲチョウ。

頭部にはやや左右に開く細長の角状突起がある。突起には微毛が生える

終齢幼虫

2009.7.14
長野県
ササ類の1種

2009.7.16
長野県
ササ類の1種

淡緑色の個体（上）は黄白色縦条が、淡褐色の個体（下）はV字状の濃色帯斑が目立つ

卵は約1mm、乳白色の球状で、葉裏に産みつけられる

卵

若齢まではすべて緑色型

1齢

中齢

蛹 ×1

成虫 ×0.6

中齢幼虫の食痕

チョウ類 タテハチョウ科

## ヒカゲチョウ
*Lethe sicelis*

体 37 mm ほど 開 50 - 60 mm 齢 5 齢 発 春 - 秋 1-3 回、幼虫越冬 分 本 - 九 食 ゴキダケ、メダケ、アズマネザサ、ミヤコザサなどタケ類、ササ類（イネ科）特 クロヒカゲよりも明るい環境を好むヒカゲチョウ。

頭部の角状突起は左右に開かず、平行に伸びる

第 3-5 腹節の亜背に褐色斑が並ぶ個体もある

2009.5.23 長野県 ササ類の1種

終齢幼虫

体色は緑色

蛹 ×1

成虫 ×0.5

## ヒメキマダラヒカゲ
*Zophoessa callipteris*

体 34 mm ほど 開 50 - 60 mm 齢 6-7 齢 発 春 - 秋 1-2 回、幼虫越冬 分 北 - 九 食 チシマザサ、トクガワザサ、シナノザサ、チマキザサ、ミヤコザサ、スズタケなど（イネ科）特 ササの葉で最も普通に見つかるヒカゲチョウ。葉裏で生活し、集団性がある。

2009.2.4 長野県 ササ類の1種

終齢幼虫

淡緑色の地色に多くの黄色縦条が走る

頭部には紅色の短い角状突起

蛹 ×1

成虫 ×0.6

## サトキマダラヒカゲ
*Neope goschkevitschii*

体 41 mm ほど 開 63 mm ほど 齢 5-6 齢 発 初夏 - 秋 1-2 回、蛹越冬 分 北 - 九 食 メダケ、ネザサ、アズマネザサ、ゴキダケ、マダケ、ハチク、モウソウチクなど（イネ科）特 成虫は雑木林の樹液場でおなじみだが、幼虫を見かける機会は少ない。

体型は太く、気門下線が稜になる

体色は黄褐色

2009.7.7 長野県 タケ類の1種

終齢幼虫

日中は落葉中や葉裏にひそみ、夜間に摂食活動をする

蛹 ×1

成虫 ×0.5

チョウ類　タテハチョウ科

## アサギマダラ
*Parantica sita*

体 37 - 41 mm 開 100 mm ほど 齢 5 齢 発 通年 2-4 回、幼虫越冬、暖地での越冬態不定 分 北 - 南（越冬可能は関東以南）食 キジョラン、サクララン、トキワカモメヅル、ツルモウリンカ、イケマなど（ガガイモ科）特 黒、黄、白の斑模様、長い突起でよく目立つイモムシ。

卵は高さ 1.8 mm ほどの砲弾形

**1 齢幼虫**
体色は暗緑色 - 黄色。2 齢から鞭状突起があらわれる

中胸節、第9腹節背面に鞭状突起

地色は黒色、各節に黄色の大斑紋と青白色の小斑紋

2009.7.27
長野県
イケマ

**終齢幼虫**

**蛹 ×1**
光沢があるだるま形で、黒色と金色の紋がある

**成虫 ×0.3**

成虫は長距離移動することが知られ、春 - 夏に北上、秋に南下する

## カバマダラ
*Anosia chrysippus*

体 33 mm ほど 開 60 - 70 mm 齢 5 齢 発 周年 5-7 回、南西諸島で非休眠 分 九 - 南 食 トウワタ、フウセントウワタ、ガガイモ、ロクオンソウなど（ガガイモ科）特 開けた環境のガガイモ科植物に見られる南国のマダラチョウ。

黒と白の縞模様に黄色、赤色の斑紋

2008.11.1
沖縄県
トウワタ

**終齢幼虫**

中胸、第 2・8 腹節に突起

**蛹 ×1**

**成虫 ×0.3**

チョウ類　セセリチョウ科

## アオバセセリ
*Choaspes benjaminii*

[体] 48 mm [開] 43 - 49 mm
[齢] 5-6 齢 [発] 春 - 秋 1-4 回、蛹越冬 [分] 本 - 南 [食] アワブキ、ミヤマハハソ、ナンバンアワブキ、ヤンバルアワブキなど（アワブキ科）[特] 黒と黄の横縞、オレンジの頭部の派手なイモムシ。柏餅型の巣をつくる。

亜背に光沢の強い青白紋
胴部は紫黒色と横じわのある黄色の縞模様

2009.09.06 長野県 アワブキ
終齢幼虫

頭部は鮮やかな橙色で4個の黒斑

蛹 ×1
成虫 ×0.6

## ダイミョウセセリ
*Daimio tethys*

[体] 25 mm ほど [開] 33 - 36 mm [齢] 5-7 齢 [発] 春 - 冬 2-3 回、幼虫越冬 [分] 北 - 九 [食] ヤマノイモ、オニドコロ、カエデドコロなど（ヤマノイモ科）[特] ヤマノイモ科の葉で巣をつくる、ポテッとした体型のイモムシ。セセリチョウ科は、巣をつくる習性が強い。

太短い体型
地色は灰緑色で目立つ斑紋はない

2009.8.16 長野県 ヤマノイモ
終齢幼虫

頭部は光沢のない黒色

全幼虫期で造巣性があり、ハの字状の溝状食痕をつけた葉片を折り返し巣とする

蛹化は巣の中で行う
蛹 ×1
蛹は淡褐色で銀白色斑がある
成虫 ×1

チョウ類　セセリチョウ科

## ミヤマセセリ
*Erynnis montanus*

体 23 mm ほど 開 36 - 42 mm 齢 6-8 齢 発 秋 - 春 1回、幼虫越冬 分 北 - 九 食 コナラ、クヌギ、カシワ、ミズナラなど（ブナ科）特 最も太短い体型のブナ科食セセリチョウ。春から秋までかけて成長し、翌春にようやく蛹化、羽化する。

太短い体型
地色は淡黄緑色
幼虫
2009.9.5 長野県
頭部は茶褐色で淡紅色の斑紋、白色の微毛
卵
成虫 × 0.5

## ホソバセセリ
*Isoteinon lamprospilus*

体 31 mm ほど 開 32 - 37 mm 齢 5 齢 発 春 - 秋 1-2回、幼虫越冬 分 本 - 九 食 ススキ、カリヤス、カリヤスモドキ、オオアブラススキ、チガヤなど（イネ科）特 ススキなどで葉表を内側にした筒状の巣をつくるセセリチョウ。

頭部は黒褐色で幅の広いハの字状の褐色帯
体色は淡緑色
終齢幼虫
2009.10.6 長野県
肛上板は黒褐色にならない
蛹 × 1
成虫 × 0.7

## コチャバネセセリ
*Thoressa varia*

体 27 mm ほど 開 30 - 36 mm 齢 5 齢 発 春 - 秋 1-3回、幼虫越冬 分 北 - 九 食 クマイザサ、メダケ、ゴキダケなどのササ・タケ類（イネ科）特 ササ類、タケ類に広く生息するセセリチョウ。葉先を巻いた巣（p.5）をつくる。

2009.8.13 長野県 ササ類の1種
前胸背部に黒色の横紋
体色は緑褐色
終齢幼虫
頭部は黒色で斑紋はない
蛹 × 1
成虫 × 0.8

チョウ類　セセリチョウ科

## スジグロチャバネセセリ
*Thymelicus leoninus*

[体] 24 mm ほど [開] 28 - 31 mm [齢] 5 齢 [発] 初夏 - 夏 1 回、幼虫越冬 [分] 北 - 九 [食] ヤマカモジグサ、カモジグサ、クサヨシ、ヒメノガリヤス、キツネガヤ（イネ科）など [特] 林内や林縁部のカモジグサなどに生息するセセリチョウ。終齢で造巣性は弱くなる。

地色は白緑色
頭部は淡緑色
2009.6.10 長野県
終齢幼虫
背線は中心に細い白条のある緑色
蛹 ×1
成虫 ×0.9

## キマダラセセリ
*Potanthus flavus*

[体] 30 mm ほど [開] 25 - 32 mm [齢] 5 齢 [発] 春 - 秋 1-2 回、幼虫越冬 [分] 北 - 南 [食] ススキ、エノコログサ、ジュズダマ、ゴキダケ、メダケ（イネ科）など [特] ホソバセセリに似るが、頭部の褐色帯や肛上板の色などで区別する。

2009.5.16 長野県 ヨシ
細長い体型で淡緑色
ときに肛上板が黒褐色
終齢幼虫
頭部は黒色でハの字状の褐色帯があり、その境界ははっきりする
蛹 ×1
成虫 ×0.9

## バナナセセリ
*Erionota torus*

[体] 50 mm ほど [開] 63 - 72 mm [齢] 5 齢 [発] ほぼ通年数回 [分] 南 [食] イトバショウ、サンジャクバナナ、リョウリバナナ、バナナなど（バショウ科） [特] バナナの害虫として知られる粉ふきイモムシ。外来種で、1971 年に確認以来、生息域を広げている。

2008.10.1 沖縄県 イトバショウ
頭部は茶褐色
太くて大きい
終齢幼虫
淡褐色の地色で白いロウ状物質におおわれる
蛹 ×0.5
蛹も白色ロウ状物質が付着
成虫 ×0.5

47

チョウ類　セセリチョウ科

## オオチャバネセセリ
*Polytremis pellucida*

体 33 mm ほど 開 33 - 40 mm 齢 5 齢 発 春 - 秋 1-3 回、幼虫越冬 分 北 - 九 食 アズマネザサ、メダケ、ゴキダケ、イネ、ススキなど（イネ科）特 林縁部から開けた環境に生息するセセリチョウ。1枚の葉を丸めたり、2枚の葉をつづって巣をつくる。

頭部は淡褐色の地色に褐色の紋様

体色は淡黄緑色

2009.8.7 長野県 イネ

終齢幼虫

蛹 ×0.8　成虫 ×0.8

## チャバネセセリ
*Pelopidas mathias*

体 30 - 35 mm 開 34 - 37 mm 齢 5 齢 発 春 - 秋 3-4 回、幼虫越冬、南西諸島で通年 分 本 - 南 食 チガヤ、ススキ、メヒシバ、イネ（イネ科）、シラスゲ（カヤツリグサ科）など 特 開けた環境のイネ科植物に生息するセセリチョウ。中齢まで筒状の巣をつくる。

頭部は淡青緑色、ハの字状の赤褐色条がある

終齢幼虫

体色は淡青緑色

終齢になると造巣性は弱まる

2009.8.25 長野県 イネ

蛹 ×0.8　成虫 ×0.8

## イチモンジセセリ
*Parnara guttata*

体 33 mm ほど 開 34 - 40 mm 齢 5-7 齢 発 初夏 - 秋 3-4 回、幼虫越冬、南西諸島で周年 分 北 - 南 食 イネ、マコモ、チガヤ、ススキ（イネ科）、シラスゲ（カヤツリグサ科）など 特 イネツトムシの呼び名があり、イネの害虫として有名。造巣性がある。

頭部は淡褐色で黒褐色の紋様

背線は幅広い

2009.8.25 長野県 イネ

終齢幼虫

前胸背面に黒色の横細線

体色は淡黄緑色

蛹 ×0.8　成虫 ×0.8

ガ類　コウモリガ科 ●／ヒゲナガガ科 ●／ハマキガ科 ●

## コウモリガ ●
*Endoclita excrescens*

**体** 60 mm ほど **開** 81 - 90 mm **齢** 不明 **発** 夏 - 秋、1-3年に1回、卵・幼虫越冬 **分** 北 - 九 **食** ヤナギ類（ヤナギ科）、ニセアカシア（マメ科）、トウモロコシ（イネ科）など各種草本と樹木 **特** 植物の幹、枝、茎に食入、坑道をつくって生活するイモムシ。

硬皮板が発達し、褐色を帯びる……

2009.8.15
長野県
ニセアカシア

終齢幼虫

近似種にキマダラコウモリ（未掲載）がいる

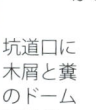

坑道口に木屑と糞のドーム状蓋がつく

成虫
× 0.2

## ウスベニヒゲナガ ●
*Nemophora staudingerella*

**体** 9 mm ほど、蓑の長さ 11 mm ほど **開** 18 - 20 mm **齢** 不明 **発** 秋 - 春1回？、幼虫越冬 **分** 北 - 九 **食** 各種枯葉 **特** クリ林、落葉広葉樹林の林床で見つかる。ヒゲナガガ科は一般に切り取った落葉片で蓑をつくり、地上で腐植物を食べる。

2009.4.5
長野県

終齢幼虫

三日月形に切り取られた落葉片がつづり合わされる

蛹
× 2

オスの蛹には長い触角

成虫♂
× 1

## ムラサキカクモンハマキ ●
*Archips viola*

**体** 19 mm ほど **開** 18 - 27 mm **齢** 不明 **発** 春 - 初夏1回、卵越冬？ **分** 北 - 本 **食** ヤナギ類（ヤナギ科）、カエデ類（カエデ科）、コナラ、クリ（ブナ科）など **特** 若葉を巻く葉巻虫の1種。ハマキガ科は細長いイモムシで、葉を巻く習性のものが多い。

2009.5.9
長野県
コナラ

終齢幼虫

体色は暗緑色、胸脚は黒色

若葉 1-2 枚を縦に筒状に巻いた巣
× 0.2

成虫
× 1.5

ガ類　ハマキガ科●／ミノガ科●

## カクモンハマキ ●
*Archips xylosteana*

体 18 mm ほど 開 17 - 27 mm 齢 不明 発 春 - 初夏 1 回、卵越冬 分 北 - 本 食 リンゴ（バラ科）、コナラ、クヌギ、クリ（ブナ科）、シラカンバ（カバノキ科）、ヤナギ類（ヤナギ科）など 特 葉巻虫の 1 種。各種樹木の若葉 1 枚を横に巻いた巣をつくる。

2008.5.20 長野県 クヌギ

終齢幼虫

ハマキガ科の幼虫はどれもよく似ていて識別は難しい

頭部、前胸、背楯は黒色

巣 ×0.3　　成虫 ×1.5

## チャミノガ ●
*Eumeta minuscula*

体 17 - 23 mm、蓑の長さ 23 - 40 mm 開 ♂ 23 - 26mm 齢 不明 発 春 - 夏 1 回、幼虫越冬 分 本 - 九 食 チャ（ツバキ科）、ソメイヨシノ（バラ科）、コナラ（ブナ科）、ヤナギ類（ヤナギ科）、ニセアカシア（マメ科）など多食性 特 細長い筒状の蓑をつくるミノムシ。

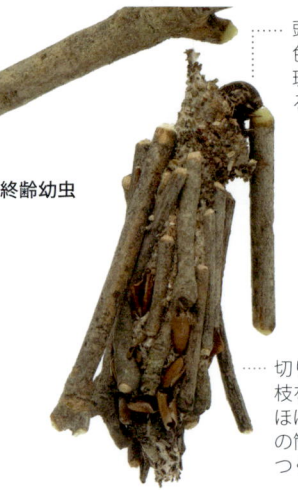

終齢幼虫

頭部は黄白色で黒褐色斑が多数入る

2009.6.10 長野県

切り取った細枝を縦に並べ、ほぼ同じ太さの筒状の蓑をつくる

1齢（ふ化直後）　　1齢

ふ化後、細植物片をつづり、やや先細りの蓑をつくる

♀成虫は、無翅のイモムシ型

成虫♀ ×1　　成虫♂ ×1

蓑上部から体を伸ばして採食する　　成熟すると枝に斜めに固着し、蛹化する

ガ類　ミノガ科●/ヒロズコガ科●

## オオミノガ●
*Eumeta variegata*

体35 mmほど、蓑の長さ40-50mm 開♂35mmほど 齢不明 発夏-春1回、幼虫越冬 分本-南 食ソメイヨシノ、ウメ（バラ科）、オニグルミ（クルミ科）、イチジク（クワ科）など多食性 特日本産で最も大きなミノムシ。葉や枝で紡錘形の蓑をつくる。

頭部は暗赤褐色-黒褐色

成熟すると枝にリング状にしっかりと糸をかけ固着する

終齢幼虫　2003.2.5 東京都

蓑 ×0.6

成虫♂ ×0.6

## ニトベミノガ●
*Mahasena aurea*

体17-22mm、蓑の長さ40mmほど 開♂23-27mm 齢不明 発春-夏1回、幼虫越冬 分本-南 食リンゴ（バラ科）、クヌギ、コナラ（ブナ科）、アカメガシワ（トウダイグサ科）など 特表面に大きく切った枝や葉をたくさんつけた紡錘形の蓑をつくる。

2009.5.31 長野県

体色は淡黄白色

胸節には黒褐色斑

蓑 ×0.4

脱皮殻（矢印）が付着する

終齢幼虫　成虫♂ ×1

## マダラマルハヒロズコガ●
*Gaphara conspersa*

体7mmほど、蓑の長さ14mmほど 開18-27 mm 齢不明 発春-秋1-2回、幼虫越冬？ 分本-南 食朽ち木などの腐植物、またアリ類を食べるとされる 特つつみみのむしなどと呼ばれる。ヒロズコガ科は食性が広く、穀類、キノコ、衣類、乾物などを食べる。

2009.4.03 長野県

終齢幼虫

朽ち木の細片をつづり8の字状の蓑をつくる。

アリの巣周辺で見られる

成虫 ×1.5

51

ガ類　スカシバガ科／セミヤドリガ科

## ヒメアトスカシバ
*Nokona pernix*

体 15 mm ほど 開 23 - 29 mm 齢 不明 発 秋 - 初夏 1 回、幼虫越冬 分 本 - 九 食 ヘクソカズラ（アカネ科） 特 ヘクソカズラのつるに穿孔する。その部分は虫えい（ヘクソカズラツルフクレフシ）となる。スカシバガ科は穿孔性で目につきにくい。

2009.3.13
長野県
ヘクソカズラ

終齢幼虫

虫えい中で、成熟した状態で越冬する

成虫 ×1

## セミヤドリガ
*Epipomponia nawai*

体 8 mm ほど 開 16 - 18 mm 齢 不明 発 夏 1 回、卵越冬 分 本 - 九 食 ヒグラシのほか、ツクツクボウシ、アブラゼミ、ミンミンゼミの体液 特 セミの体表に生息する寄生イモムシ。この仲間には他にハゴロモ類に寄生するハゴロモヤドリガ（未掲載）がいる。

終齢幼虫　2006.8.14 埼玉県 ヒグラシ

ずんぐりした体型

体表は白いロウ状物質におおわれる

腹面

胸・腹脚の爪は鋭い

しばしば複数匹がとりつく

卵で越冬し、翌夏、ふ化した1齢幼虫が羽化してきたセミに寄生する

繭 ×1

成熟すると宿主から離れ、ロウ状物質におおわれた繭の中で蛹化する

成虫 ×1

ガ類　マダラガ科

## ミノウスバ
*Pryeria sinica*

体 20 mm ほど 開 31 - 33 mm 齢 4 齢 発 春 - 初夏 1 回、卵越冬 分 北 - 九 食 マサキ、ニシキギ、マユミなど（ニシキギ科）特 庭木に大発生して丸坊主にすることのある、最も普通に見るマダラガ。成虫は晩秋に羽化し産卵する。

淡黄色の地色に黒色の縦線が何本も走る

終齢幼虫

繭 × 0.5

2009.5.6 長野県

体表には長い毛とともに微毛も生えていてつやがない

成虫 × 0.8

## シロシタホタルガ　注意
*Neochalcosia remota*

体 25 mm ほど 開 50 - 55 mm 齢 不明 発 初夏 - 夏 1 回、卵越冬 分 北 - 九 食 サワフタギ、クロミノニシゴリ（ハイノキ科）特 黒、黄色、朱色の配色が美しいマダラガ。葉表にいてよく目立つ。体表からの分泌液で炎症を起こす場合がある。

地色は黒色

終齢幼虫

2008.6.14 長野県

背部に大きな黄色紋、側面に朱色紋、黄色紋が並ぶ

繭 × 1

成虫 × 0.5

## ウスバツバメガ
*Elcysma westwoodii*

体 30 mm ほど 開 60 mm ほど 齢 不明 発 初夏 - 夏 1 回、幼虫越冬 分 本 - 九 食 ウメ、サクラ類、アンズ、スモモ、ボケ（バラ科）など 特 黄色と黒の縦縞、側方にまばらに広がる毛が特徴的なマダラガ。成虫は秋に羽化する。

2008.5.8 長野県

地色は淡黄色で、背線、側線、気門上線の黒条が走る

頭部は黒褐色と淡褐色

終齢幼虫

側方に黒色長刺毛が広がる

成虫 × 0.3

53

ガ類　マダラガ科 ●／イラガ科 ●

## ウメスカシクロバ 注意
*Illiberis rotundata*

体 18 mm ほど　開 23 - 26 mm　齢 不明　発 春 - 初夏 1回、幼虫越冬　分 本 - 九　食 ウメ、モモ、サクラ類、アンズ、スモモなど（バラ科）　特 ウメなどに発生するマダラガ。毒刺毛があり、ハラアカ、コシダカケムシと呼ばれる。

体色は灰紫色
2009.5.12
長野県
ウメ

終齢幼虫

背面と側面に、白色のやや長い刺毛が輪生して生える

繭 ×1　　成虫 ×1

## イラガ ● 注意
*Monema flavescens*

体 25 mm ほど　開 32 - 34 mm　齢 不明　発 夏 - 秋 1-2回、前蛹越冬　分 北 - 九　食 カキ（カキノキ科）、ウメ（バラ科）、クリ、クヌギ（ブナ科）など　特 黄色と茶色の配色、トゲだらけの柱状突起が特徴のトゲイモムシ。イラガ科には、毒刺毛をもち、触れると痛みを生じるものが多い。

2008.9.5
長野県
ウメ

背部に大きな茶色の斑紋、その間に青紫色条

亜背部、気門下方などに、棘状突起をそなえる肉質突起

終齢幼虫

蛹化は枝や枝の又などで行われる。繭は回転楕円体で、吐き出すタンパク質により硬化し、シュウ酸カルシウムにより白くなる

蛹 ×1.5　　成虫 ×1

繭は落葉期によく目につき、スズメノショウベンタゴなどと呼ばれる

ガ類 イラガ科

## ナシイラガ 注意
*Narosoideus flavidorsalis*

体20 mmほど 開30 - 35 mm 齢不明 発秋1回、前蛹越冬 分北 - 南 食クヌギ、クリ（ブナ科）、カキ（カキノキ科）、ナシ（バラ科）、ヤマナラシ（ヤナギ科）など 特緑色の体、背面の一周する黒線模様が特徴的なイラガ。毒刺毛をもつ。

やや幅広いナマコ様体型
背面の黒線模様が一周する
2009.9.4 長野県 アブラチャン
後胸、第1・7・8腹節背面に、長い棘状突起をそなえる柱状の肉質突起
終齢幼虫
成虫 ×0.6

## ヒメクロイラガ 注意
*Scopelodes contracta*

体23 mmほど 開14 - 21 mm 齢不明 発初夏 - 秋1-2回、前蛹越冬 分本 - 九 食カキ（カキノキ科）、サクラ類（バラ科）、アブラギリ（トウダイグサ科）、ケヤキ（ニレ科）など 特カキなどに集団で発生しよく目につくイラガ。毒刺毛をもつ。

2007.9.4 長野県 ケヤキ
終齢幼虫
地中に黒褐色の丸い繭をつくって蛹化する
各節に黒色の棘状突起をそなえた肉質突起
淡黄色 - 黄緑色に褐色の混じる体色
繭 ×1
成虫 ×1

## テングイラガ 注意
*Microleon longipalpis*

体9 mmほど 開12 - 18 mm 齢不明 発初夏 - 秋2回、前蛹越冬 分北 - 南 食カエデ類（カエデ科）、カキ（カキノキ科）、サクラ類（バラ科）、チャ（ツバキ科）、ヤナギ類（ヤナギ科）、サルスベリ（ミソハギ科）など 特菱形の小さなイラガ。毒刺毛がある。

2008.10.9 長野県
第3腹節に赤色の瘤起
側線部が稜となる
終齢幼虫
体色は黄緑色、赤黄色、赤褐色と変異がある
成虫 ×1.2

55

ガ類　イラガ科

## アカイラガ 注意
*Phrixolepia sericea*

体 18 mm ほど 開 20 - 27 mm 齢不明 発初夏 - 秋 2回、前蛹越冬 分北 - 九 食コナラ、クヌギ、クリ（ブナ科）、カキ（カキノキ科）、サクラ類、ウメ、モモ（バラ科）、カエデ類（カエデ科）など 特全体にゼリーのような透明感のあるイラガ。

終齢幼虫

体色は黄緑色 - 淡黄緑色

2009.7.23
埼玉県
ニガキ

全体に瘤状の肉粒

先端が赤色を帯びる3対の肉質突起が目立つ

繭 ×1　成虫 ×1

## クロシタアオイラガ 注意
*Parasa sinica*

体 18 mm ほど 開 23 - 29 mm 齢不明 発初夏 - 秋 1-2回、前蛹越冬 分北 - 九 食クヌギ、クリ（ブナ科）、サクラ類、ウメ（バラ科）、カキ（カキノキ科）など 特赤、緑、青の3原色をまとったイラガ。各種樹木で普通に見つかる。毒刺毛がある。

2008.10.31
長野県

中・後胸節、第1・7・8・9腹節亜背部に長い肉質突起

ときに背線は赤色、その両側は青色

終齢幼虫

地色は黄緑色

繭 ×1　成虫 ×1

## ヒロヘリアオイラガ 注意
*Parasa lepida*

体 15 mm ほど 開 27 - 33 mm 齢不明 発初夏 - 秋 2回、蛹越冬 分本 - 南 食サクラ類（バラ科）、カエデ類（カエデ科）、ケヤキ（ニレ科）、ザクロ（ザクロ科）など 特集団発生するイラガで、幹に多数の繭がつき目立つ。分布を拡大しつつある。

地色は薄黄色 - 黄緑色

2010.10.16
長野県
クヌギ

終齢幼虫

樹幹などにやや平たく固い繭をつくって蛹化する

背部、側面部に、半ば斑点列となる青色条

繭 ×1　成虫 ×0.7

ガ類 イラガ科●／ツトガ科●

## ウストビイラガ ●
*Ceratonema sericeum*

体 15 mm ほど 開 27 - 33 mm 齢 不明 発 初夏 - 夏 2 回、越冬態不明 分 北 - 九 食 ヤマモミジ（カエデ科）、アワブキ（アワブキ科）、フサザクラ（フサザクラ科）、コナラ（ブナ科）など 特 エイや六角凧を連想させる特異な形態のイラガ。

体色は緑色 - 黄色 - 赤褐色まで変異

終齢幼虫

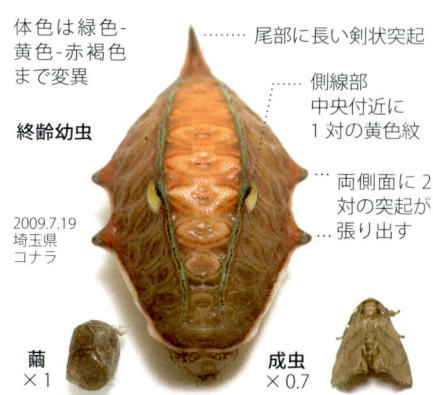

2009.7.19 埼玉県 コナラ

……尾部に長い剣状突起

…側線部中央付近に 1 対の黄色紋

…両側面に 2 対の突起が…張り出す

繭 ×1

成虫 ×0.7

## タイワンイラガ ●
*Phlossa conjuncta*

体 20 mm ほど 開 28 mm ほど 齢 不明 発 夏 - 秋 1 回？越冬態不明 分 本 - 九 食 クヌギ（ブナ科）、オニグルミ（クルミ科）、エゾエノキ（ニレ科） 特 肉質突起が赤みを帯びる個体はとくに美しいイラガ。成虫は夏に現れる。

2008.9.5 長野県

終齢幼虫

体色は薄黄緑色 - 黄緑色

亜背部、側部に棘状突起をそなえる肉質突起が並ぶ。赤みを帯びるものもいる

全体が黄緑色の個体

成虫 ×0.7

## ワタノメイガ ●
*Haritalodes derogata*

体 22 mm ほど 開 22 - 34 mm 齢 不明 発 春 - 秋 2-3 回、幼虫越冬 分 北 - 南 食 ワタ、フヨウ、オクラ、ムクゲ（アオイ科）、アオギリ（アオギリ科）など 特 ワタやオクラでよく見かける。成長してくると葉を巻いて食べるようになる。

頭部とそれにつづく副前頭が褐色 - 黒色

体色は淡緑色

2009.8.31 長野県 オクラ

終齢幼虫

蛹 ×1

成虫 ×0.6

57

ガ類　メイガ科●／カギバガ科●

## ツヅリガ（イッテンコクガ）●
*Paralipsa gularis*

体 20 mm ほど　開 20 - 32 mm　齢 不明　発 春 - 秋 1-2 回、幼虫越冬　分 北 - 南　食 米などの貯蔵穀物　特 貯穀害虫の一つ。多数の穀粒をつづり、その中にひそむ。メイガ科は重要な害虫を数多く含んでいる。

2009.9.3 宮城県 米
終齢幼虫
体色は淡褐色で鈍い光沢がある
頭部、前胸背部は赤褐色
米などを糸でつづる
成虫 ×1.5

## ツマグロフトメイガ●
*Noctuides melanophia*

体 20 mm ほど　開 17 mm ほど　齢 不明　発 春 - 初夏 1 回？、越冬態不明　分 本 - 九　食 クヌギ、ミズナラ、カシワ（ブナ科）　特 糞を鱗状につづりあわせ、先広がりの細長い蓑をつくる。蓑の元を葉に固定し、先から体を出して葉を食べる。

頭部は黒色、胴部は暗褐色
終齢幼虫
2009.4.24 長野県 クヌギ
葉裏で生活する
成虫 ×1

## ヤマトカギバ●
*Nordstromia japonica*

体 18 mm ほど　開 25 - 37 mm　齢 不明　発 初夏 - 秋 2 回、蛹越冬　分 本 - 九　食 コナラ、クヌギ、クリ（ブナ科）　特 腹面が平らで尾部は細長く、ヘビを連想させる体型のイモムシ。カギバガ科は尾脚を欠き、尾状突起をもつものが多い。

2008.10.17 長野県 クヌギ
体色は薄茶色
全体に細かな凹凸、しわ
終齢幼虫
葉表で頭部を後方に曲げた姿勢で静止していることが多い
蛹 ×1
成虫 ×1

ガ類　カギバガ科●／シャクガ科●

## ギンモンカギバ ●
*Callidrepana patrana*

体20 mmほど 開22 - 40 mm 齢不明 発春 - 秋数回、蛹越冬 分北 - 九 食ヌルデ（ウルシ科）特配色、凹凸、濡れたような光沢で鳥糞擬態のカギバガ。近似種に尾状突起が短いウスイロカギバ（未掲載）がいる。

終齢幼虫　尾状突起が長い

2008.10.18
長野県
ヌルデ

体色は茶褐色が主体で、淡褐色、黒色などが混じる

青みがかった黒色の個体も見られる

成虫 ×1

## アシベニカギバ ●
*Oreta pulchripes*

体28 - 40 mm 開30 - 35 mm 齢不明 発初夏 - 秋2回、幼虫越冬 分北 - 九 食ガマズミ、サンゴジュ（スイカズラ科）など 特葉上で頭胸部と尾部を浮かせた独特の姿勢で静止する。近似種にクロスジカギバ（未掲載）がいる。

後胸背部に突起

体色は紫褐色 - 暗緑色

2009.5.27
長野県
ガマズミ

終齢幼虫

腹部側面に三角状の暗色部

蛹 ×1　成虫 ×1

## ホソウスバフユシャク ●
*Inurois tenuis*

体20 mmほど 開♂21 - 27mm 齢不明 発春 - 初夏1回、蛹越冬 分北・本・九 食コナラ、クヌギ、カシワ（ブナ科）、ツノハシバミ（カバノキ科）、ケヤキ（ニレ科）、リンゴ（バラ科）など 特成虫が冬に羽化する冬尺蛾の1種。

緑色の個体　褐色の個体

2007.5.10
長野県

終齢幼虫

卵塊は毛で覆われる（一部除去）

♀は無翅
成虫♂ ×1

蛹♂ ×2

59

## カギシロスジアオシャク
*Geometra dieckmanni*

🜲 20 - 25 mm 🜲 29 - 45 mm 🜲不明 🜲春 - 夏 1-2 回、幼虫越冬 🜲北 - 九 🜲クヌギ、コナラ、ミズナラ、クリの球果（ブナ科）🜲開きはじめた食樹の新葉に色合いが酷似する尺取虫。シャクガ科は第 3-5 腹脚を欠くものが多い。

越冬若齢幼虫

終齢幼虫

2006.4.21
長野県
クヌギ

全体がほぼ緑色の個体と、赤褐色部の多い個体がいる

第 1-5・8 腹節背面に、先のとがった突起をもつ

第 2 腹節の突起が先端になるように体を折り曲げた姿勢は、冬芽に酷似する（矢印）。

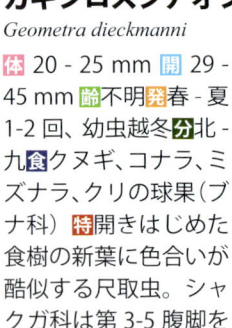

蛹 ×1

成虫 ×0.8

## オオアヤシャク
*Pachista superans*

🜲 45 mm ほど 🜲 45 - 65 mm 🜲不明 🜲春 - 夏 2 回、幼虫越冬 🜲北 - 九 🜲ホオノキ、シデコブシ、モクレン、タムシバ、オオヤマレンゲ（モクレン科）🜲太い胴体ととがった頭部が食樹の芽に酷似するアオシャク。

頭部の突起は先端で合わさり、とがる

終齢幼虫

2008.6.7
長野県

体色は緑色、鮮明な黄色の気門下線が走る

成虫 ×0.5

## ヒメカギバアオシャク
*Mixochlora vittata*

体 25 mm ほど 開 29 - 40 mm 齢 不明 発 春 - 秋数回、幼虫越冬 分 本 - 九 食 コナラ、クヌギ、アラカシ、ウバメガシ、クリ（ブナ科）、ツノハシバミ（カバノキ科）特 食樹の新芽によく似たアオシャク。新芽や若葉、枝の表皮を食べる。

2008.4.28 長野県 クヌギ
終齢幼虫
第 2・3 腹節背面に低い瘤起
体色は薄黄緑色 - 褐色
斜めに立ち、S字状の姿勢で静止する
蛹 ×1　成虫 ×0.8

## クロモンアオシャク
*Comibaena delicatior*

体 18 - 20 mm 開 18 - 26 mm 齢 不明 発 春 - 秋2回？、幼虫越冬 分 北 - 九 食 コナラ、クリ（ブナ科）、ハギ類（マメ科）など 特 背中に葉片などを乗せるゴミ背負いアオシャク。同様の習性をもつ近似種が複数知られる。

2008.4.15 長野県 ハギ類の1種
終齢幼虫
背中に葉片などを大量に付着させている
頭部、胴部ともに褐色
ゴミをつづった繭中で蛹化する
蛹 ×0.7　成虫 ×1

## キガシラオオナミシャク
*Gandaritis agnes*

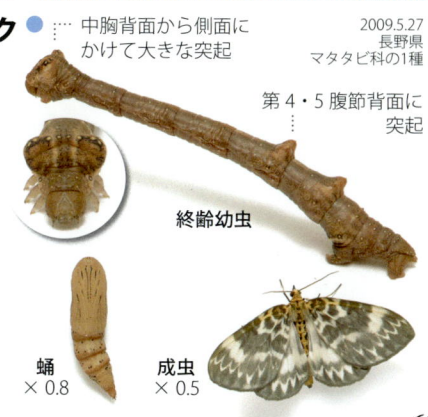

体 45 mm ほど 開 51 - 60 mm 齢 不明 発 初夏1回、卵越冬？ 分 北 - 九 食 サルナシ（マタタビ科）、イワガラミ（ユキノシタ科）特 淡褐色 - 紫褐色の体色がマタタビ科のつるによく似た尺取虫。頭を曲げ胸脚を閉じると、頭胸部は拳状になる。

2009.5.27 長野県 マタタビ科の1種
中胸背面から側面にかけて大きな突起
第 4・5 腹節背面に突起
終齢幼虫
蛹 ×0.8　成虫 ×0.5

61

## ウメエダシャク

*Cystidia couaggaria*

体 35 mm ほど 開 35 - 45 mm 齢 不明 発 春 - 初夏 1 回、卵または幼虫越冬？ 分 北 - 九 食 ウメ、リンゴ（バラ科）、エゴノキ（エゴノキ科）、スイカズラ（スイカズラ科）、ツルウメモドキ（ニシキギ科）など 特 ウメなどに発生する黒い尺取虫。

地色は黒色で、淡黄色の不連続な縦条、橙赤色の斑紋が混じる

2009.5.13 長野県 ウメ

終齢幼虫

第4・5腹節に小さな痕跡的腹脚

蛹 ×1　成虫 ×0.5

## チャバネフユエダシャク

*Erannis golda*

体 35 mm ほど 開 36 - 45 mm 齢 不明 発 春 - 初夏 1 回、卵越冬 分 北 - 南 食 ヤナギ類（ヤナギ科）、イヌシデ、ツノハシバミ（カバノキ科）、コナラ、クヌギ（ブナ科）など多食性 特 成虫が初冬に出現する冬尺蛾の1種。幼虫は初夏によく見られる。

背面は茶褐色で黒色線が走る

2009.5.2 長野県

終齢幼虫

側面は黄色

頭部は茶褐色

蛹 ×1　成虫♂ ×0.5

## ヒロオビトンボエダシャク

*Cystidia truncangulata*

体 40 mm ほど 開 48 - 58 mm 齢 不明 発 初夏 1 回、卵か幼虫越冬？ 分 北 - 九 食 ツルウメモドキ、マユミ（ニシキギ科） 特 近似種トンボエダシャク（未掲載）は黒色斑がきれいな長方形。同じ食草に両種がいることもある。

地色は薄黄色で前後部の黄味が濃い

終齢幼虫

2008.6.6 長野県 ツルウメモドキ

黒紋は不規則で不定形、後方では点紋状

蛹 ×1　成虫 ×0.5

ガ類　シャクガ科

## ヨモギエダシャク
*Ascotis selenaria*

体 55 - 60 mm 開 37 - 49 mm 齢 不明 発 春 - 秋 3-4 回、蛹越冬 分 北 - 九 食 キク、コスモス（キク科）、ダイズ（マメ科）、クワ（クワ科）、リンゴ（バラ科）、チャ（ツバキ科）など多食性 特 体が大きく多食性で、よく見かける。

体色は、淡緑色・淡褐色・暗褐色など変異に富む

2007.10.14
長野県
ヨモギ

終齢幼虫

第2腹節背部の刺毛根元が小さく瘤起

ヨモギにいた個体

成虫 × 0.5

## オオゴマダラエダシャク
*Parapercnia giraffata*

体 50 mm ほど 開 60 - 68 mm 齢 不明 発 夏 - 秋 2 回、蛹越冬 分 本 - 九 食 カキ、シナノガキ（カキノキ科） 特 大きくふくらんだ背中に眼状紋をそなえる特異な形態の尺取虫。威嚇のポーズがコブラを連想させる。

体色は黄褐色-茶褐色

終齢幼虫

第1腹節付近が肥大し、背面には眼状紋

2007.9.2
長野県
カキ

刺激を受けると体をもち上げ、第1腹節をふくらませる

若齢幼虫

成虫 × 0.3

## オカモトトゲエダシャク
*Apochima juglansiaria*

体 40 mm ほど 開 36 - 45 mm 齢 不明 発 春 - 初夏 1 回、蛹越冬 分 北 - 九 食 サクラ類（バラ科）、クヌギ（ブナ科）、クルミ類（クルミ科）、ケヤキ（ニレ科）など多食性 特 形状、色彩、質感、静止姿勢、すべてが鳥糞的な尺取虫。

体色は黒褐-暗褐色

第1-4・8腹節背面は瘤起し、その周辺が白色

2005.5.4
長野県

胴部を二つに曲げ、ひねりを加えた静止姿勢

終齢幼虫

成虫 × 0.8

63

ガ類　シャクガ科

## トビモンオオエダシャク
*Biston robustus*

体 70 - 90 mm 開 50 - 80 mm 齢不明 発初夏 - 秋1回、蛹越冬 分北 - 南 食クヌギ（ブナ科）、エノキ（ニレ科）、サクラ類（バラ科）、カエデ類（カエデ科）など多食性 特頭部の突起がネコを連想させる大型尺取虫。数カ月をかけ成長する。

頭部に長大な突起

体色は灰色-褐色で、変異がある

顆粒を密布してザラつく

2009.6.17 長野県 エノキ

終齢幼虫

蛹 × 0.6

成虫 × 0.4

## クワエダシャク
*Phthonandria atrilineata*

体 70 mm ほど 開 38 - 55 mm 齢不明 発春 - 秋2回、幼虫越冬 分北 - 九 食クワ（クワ科） 特形、色、質感、静止ポーズまでもが食樹クワの枝に酷似する尺取虫。"土瓶割"の呼び名がある。

2009.5.16 長野県 クワ

体色は褐色

中齢幼虫で樹上越冬する

終齢幼虫

第5腹節背面に稜状の目立つ突起

蛹 × 0.6

成虫 × 0.5

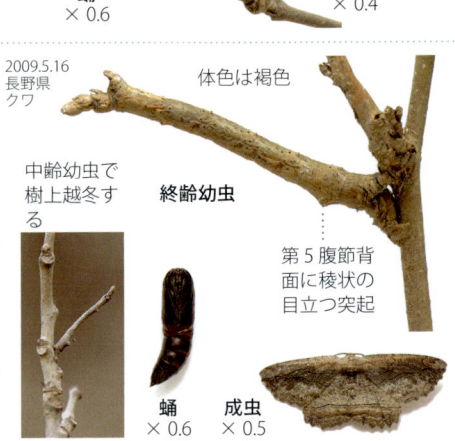

## クロモンキリバエダシャク
*Psyra bluethgeni*

体 40 mm ほど 開 32 - 40 mm 齢不明 発初夏 - 夏1回、蛹越冬 分本 - 九 食クヌギ（ブナ科）、アブラチャン（クスノキ科）、ヤナギ類（ヤナギ科）、カエデ類（カエデ科）など多食性 特胴体の中ほどに鹿角様の突起をもつ特異な形態の尺取虫。

2006.5.29 長野県

褐色の個体

終齢幼虫

第3腹節側方から、枝分かれする長い肉質突起

緑色の個体

2009.6.30 長野県

成虫 × 0.5

64

ガ類　シャクガ科

## キエダシャク
*Auaxa sulphurea*

[体] 40 mm ほど [開] 33 - 40 mm [齢] 不明 [発] 春 - 初夏 2 回？、越冬態不明 [分] 本 - 九 [食] ノイバラ、サンショウバラ（バラ科）[特] 先のとがった突起をそなえ、ノイバラの若枝に酷似する尺取虫。静止していると見つけにくい。

体色は緑色

2006.5.13
長野県
ノイバラ

第 1-4 腹節側面、第 8 腹節背面に赤褐色突起

終齢幼虫

ノイバラに擬態する

成虫 × 0.7

## サラサエダシャク
*Epholca arenosa*

[体] 30 mm ほど [開] 23 - 34 mm [齢] 不明 [発] 初夏 - 秋 2 回、蛹越冬？ [分] 北 - 九 [食] コナラ（ブナ科）、サワグルミ（クルミ科）、フサザクラ（フサザクラ科）、キブシ（キブシ科）、タニウツギ（スイカズラ科）など [特] 背面に突起が並ぶ。

第 2-4・8 腹節背面に先端の丸い突起

体色は茶褐色 - 暗紫褐色

終齢幼虫

2007.7.26
長野県
フサザクラ

成虫 × 0.6

## フタヤマエダシャク
*Rikiosatoa grisea*

[体] 35 mm ほど [開] 31 - 39 mm [齢] 不明 [発] 春 - 秋 2 回、幼虫越冬 [分] 北 - 九 [食] アカマツ（マツ科）[特] マツ食の尺取虫。黄緑色と褐色の配色は、葉のついたアカマツの若枝によく似てまぎらわしい。

肛上板は後方へ伸びてとがる

2009.4.18
長野県
アカマツ

終齢幼虫

体色は黄緑色の地色に褐色部が混じるが、黒褐色の個体もある

アカマツの枝に留まっていると見つけにくい

成虫 × 0.6

ガ類　シャクガ科●/カレハガ科●

## キオビエダシャク
*Milionia zonea*

[体] 45 - 55 mm [開] 50 - 56 mm [齢] 不明 [発] 春 - 秋、通年発生 [分] 九 - 南 [食] イヌマキ（マキ科） [特] 成虫も幼虫も美しい南国の尺取虫。イヌマキの害虫として知られる。体内にイヌマキ由来の毒性物質をためている。

2009.6.14 沖縄本島 イヌマキ

白色の地色に黒色の斑紋が不規則に混じり合う

頭部と胴部側面の気門周辺が橙色

終齢幼虫

成虫 × 0.4

## シロツバメエダシャク
*Ourapteryx maculicaudaria*

[体] 50-55 mm [開] 36 - 54 mm [齢] 不明 [発] 春 - 秋 2回、幼虫越冬 [分] 北 - 九 [食] イチイ、キャラボク、チャボガヤ（イチイ科）、イヌガヤ（イヌガヤ科）、トウヒ（マツ科） [特] 緑色型がイヌガヤの垂れ下がった葉によく似る尺取虫。

細長い体型

2009.5.8 長野県 イヌガヤ

終齢幼虫

体色は緑色、灰褐色、紫褐色と変異がある

蛹 × 0.8

イヌガヤの葉とよく似る（矢印）。

成虫 × 0.5

## カレハガ
*Gastropacha orientalis*

[体] 90mm ほど [開] 40 - 80 mm [齢] 不明 [発] 春 - 夏 2回、幼虫越冬 [分] 北 - 九 [食] サクラ類、ウメ、モモ（バラ科）、シダレヤナギ（ヤナギ科）、ニセアカシア（マメ科）など [特] 植栽のサクラなど人里環境にも普通に発生する灰色 - 灰褐色の大型の毛虫。

ときに背部に菱形様の褐色斑

2009.7.29 長野県 ニセアカシア

終齢幼虫

基線部の瘤起などに長い褐色毛

卵は灰緑色で、独特の白色模様

成虫 × 0.3

ガ類　カレハガ科

## オビカレハ
*Malacosoma neustrium*

体 60 mm ほど 開 30 - 45 mm 齢 不明 発 春 - 初夏 1 回、卵越冬 分 北 - 九 食 ウメ、サクラ類、ノイバラ（バラ科）、ヤナギ類（ヤナギ科）、クヌギ（ブナ科）など 特 集団性がありよく目につく毛虫。カレハガ科は多数の刺毛が生えた毛虫様のものが多く、毒刺毛をもつものもいる。本種は無毒。

中齢幼虫まで糸で幕を張って群生する

2008.5.12
長野県
ノイバラ

地色は背面が橙色-赤茶褐色、側面は灰青色

基線部などに白色長毛が密生

頭部は灰青色で眉毛様の黒色紋

終齢幼虫

リング状に産みつけられた200個を越す卵塊で越冬する

1齢幼虫

成虫 × 0.5

## タケカレハ 注意
*Euthrix albomaculata*

体 60 mm ほど 開 40 mm ほど 齢 不明 発 初夏 - 夏 2 回、幼虫越冬 分 北 - 九 食 タケ類、ササ類、ススキ、ヨシ（イネ科） 特 ススキなどイネ科植物に生息する明るい色彩のカレハガ。背部の茶褐色と側面の淡黄色がコントラストをなす。毒刺毛がある。

中胸、第8腹節背部に暗褐色の毛束

頭部は茶褐色

2009.6.12
長野県
イネ科草本

終齢幼虫

黒色毛が付着する

繭 × 0.4

成虫 × 0.4

ガ類　カレハガ科●/オビガ科●

## マツカレハ● 注意
*Dendrolimus spectabilis*

体 70 mm ほど 開 45 - 90 mm 齢 不明 発 春 - 夏 1 回、幼虫越冬 分 北 - 南 食 アカマツ、クロマツ、カラマツ（マツ科）特 茶、白、黒の配色が美しいが、マツケムシの呼び名もあるマツの害虫。背面が銀色で側面にかけて茶褐色。幼虫と繭に毒刺毛がある。

亜背線上には黒色ヘラ形刺毛が並ぶ
頭部は茶褐色
2009.5.27 長野県 アカマツ
終齢幼虫
蛹 ×0.5
繭 ×0.3
成虫 ×0.6

## クヌギカレハ● 注意
*Kunugia undans*

体 85-100 mm ほど 開 60 - 110 mm 齢 不明 発 初夏 - 夏に 1 回、卵越冬 分 北 - 南 食 クヌギ、コナラ、クリ（ブナ科）、アカシデ（カバノキ科）、リンゴ（バラ科）など 特 春から 3-4 カ月かけて成長する大きなカレハガ。成虫は晩秋に羽化する。毒刺毛がある。

2009.6.22 鹿児島県 ヤマモモ
胴部は茶褐色 - 暗褐色
頭部は茶褐色で黒色紋がある
終齢幼虫
刺激を受けると、中、後胸背面の藍黒色毛束を見せる
蛹 ×0.5
成虫 ×0.3

## オビガ●
*Apha aequalis*

体 50 mm ほど 開 45 - 59 mm 齢 不明 発 初夏 - 秋 1-2 回、蛹越冬 分 北 - 九 食 ハコネウツギ、ニシキウツギ、スイカズラ、ツクシヤブウツギ（スイカズラ科）、タニワタリノキ（アカネ科）など 特 全身に滑らかでフサフサした茶色い毛をまとった毛虫。

終齢幼虫
全身に黄褐色-黒褐色の束状長毛を密生
2009.7.8 長野県 スイカズラ
刺激を受けると上半身を激しく振動させる
蛹 ×0.5
成虫 ×0.5

ガ類 カイコガ科

## クワコ
*Bombyx mandarina*

体 35 mm ほど 開 32 - 45 mm 齢 不明 発 春 - 夏 2 回、卵越冬 分 北 - 南 食 ヤマグワ、クワ（クワ科）特 カイコの野生種と考えられているイモムシ。刺激を受けると胸部をふくらませ眼状紋を強調する。

卵

中齢幼虫

蛹 × 0.8

成虫 × 0.8

2007.8.18
長野県
ヤマグワ

……中・後胸、第 1 腹節は大きくふくらみ、背面に眼状紋がある

空の繭は冬期によく目立つ

第 8 腹節背面に突起

終齢幼虫

## カイコ
*Bombyx mori*

体 70 mm ほど 開 30 - 45 mm 齢 5 齢 発 飼育条件による、卵越冬 分 野外には生息しない 食 クワ（クワ科）特 絹糸をとるために家畜化されたイモムシ。人間の飼育下でないと生きられない。さまざまな品種がある。

第 8 腹節背面に突起

体色は白色

2007.6.14
長野県

終齢幼虫

卵

繭 × 0.5

成虫 × 0.6

69

ガ類　イボタガ科 ●／ヤママユガ科 ●

## イボタガ

*Brahmaea japonica*

体 70 - 100 mm　開 80 - 115 mm　齢 5 齢　発 春 - 初夏に 1 回　蛹越冬　分 北 - 九　食 イボタノキ、モクセイ類、トネリコ、ネズミモチ、ヒイラギ（モクセイ科）　特 若 - 中齢幼虫で、ちぎれたアンテナのような長い突起をもつ、イボタガ科唯一の種。

1 齢　2 齢

1 齢幼虫は青白色と黒色の縞

3 齢　4 齢

2-4 齢は、中・後胸、肛上板亜背部にそれぞれ 1 対、第 8 腹節背面に 1 本の、長くちぎれた黒色突起がある

小黒色紋が散らばる

体色は淡黄緑色、背面が青白色

2008.6.27
長野県
イボタノキ

気門線は黒色

終齢幼虫

終齢になると黒色突起はなくなる

成虫 × 0.3　成虫は翌春に羽化する

## シンジュサン ●

*Samia cynthia*

体 50 mm ほど　開 110 - 140 mm　齢 不明　発 初夏 - 秋 1-2 回、蛹越冬　分 北 - 南　食 シンジュ、ニガキ（ニガキ科）、キハダ（ミカン科）、クヌギ（ブナ科）、エゴノキ（エゴノキ科）など　特 全身に青みを帯びた肉質突起をまとう大型イモムシ。

2009.8.6
長野県
シンジュ

体色は淡黄色 - 淡青緑色で、黒点が散らばる

終齢幼虫

各節に、先端に刺毛をもつ肉質突起

蛹 × 0.5　繭 × 0.2　成虫 × 0.2

ガ類　ヤママユガ科

## ウスタビガ
*Rhodinia fugax*

[体]60 mm ほど [開]80 - 90 mm [齢]5齢 [発]初夏 - 夏1回、卵越冬 [分]北 - 九 [食]コナラ、クヌギ、カシワ（ブナ科）、サクラ類（バラ科）、ケヤキ、エノキ（ニレ科） [特]冬の雑木林で鮮緑色の空繭が目立つ大型イモムシ。体に触れるとキーキー音をたてる習性がある。

2007.5.25 長野県 コナラ

体色は背面が黄緑色、腹面が緑色

終齢幼虫

卵　繭表面に見つかることがある

1齢
2齢
3齢
4齢

2-4齢の体色は黄色 - 薄黄緑色で黒化の程度に変異がある

気門下線部が側方に張り出し稜となる

柄のついた独特の形で、ヤマカマスなどと呼ばれる

後胸背部に1対の突起

第8腹節背部に1つの突起

成虫は晩秋に羽化

蛹 ×0.5　繭 ×0.5　成虫 ×0.3

## ヤママユ
*Antheraea yamamai*

[体]55-70 mm [開]115 - 150 mm [齢]不明 [発]春 - 初夏1回、卵越冬 [分]北 - 南 [食]クヌギ、コナラ、カシワ、カシ類、クリ（ブナ科）、リンゴ（バラ科） [特]繭から美しい緑色の絹糸がとれる、天蚕と呼ばれる大型イモムシ。空繭は冬の雑木林でよく見られる。

体色は黄緑色-青緑色

鮮明な淡黄色の気門上線は尾部で褐色斑につながる

2009.6.9 長野県 コナラ

終齢幼虫

蛹 ×0.5　繭 ×0.4　成虫 ×0.2

71

ガ類　ヤママユガ科

## クスサン
*Saturnia japonica*

体100 mmほど 開100-130 mm 齢不明 発初夏-夏1回、卵越冬 分北-南 食クリ（ブナ科）、オニグルミ（クルミ科）、ヌルデ（ウルシ科）、サクラ類（バラ科）など多食性 特シラガタロウの呼び名がある大型イモムシ。ときに食樹を丸坊主にする。

2009.6.25 長野県 クリ
終齢幼虫
体色は黄緑色で背面は青白色
青色の気門がよく目立つ
長い青白色毛と短い黄緑色毛におおわれる
繭はスカシダワラなどと呼ばれる

蛹 ×0.4　繭 ×0.3　成虫 ×0.2

## ヒメヤママユ
*Saturnia jonasii*

体60 mmほど 開80-105 mm 齢不明 発春-初夏1回、卵越冬 分北-九 食サクラ類（バラ科）、クヌギ（ブナ科）、ミズキ（ミズキ科）、カエデ類（カエデ科）など多食性 特長さをそろえて刈り込んだような毛をまとう大型イモムシ。

全身に長さのそろった淡黄緑色-青白色の毛
体色は黄緑色
2009.5.22 長野県 サクラ
終齢幼虫
中齢幼虫

蛹 ×0.5　繭 ×0.5　成虫 ×0.3

## オオミズアオ
*Actias aliena*

体70-80 mm 開80-120 mm 齢不明 発初夏-秋2回、蛹越冬 分北-九 食サクラ類（バラ科）、カエデ類（カエデ科）、クリ（ブナ科）、ミズキ（ミズキ科）など多食性 特成虫ばかりか幼虫も美しい、緑色の重量感あるイモムシ。

2008.10.14 東京都
体色は黄緑色
終齢幼虫
気門が赤色
各節背面が瘤起する
油紙様で薄い

蛹 ×0.4　繭 ×0.3　成虫 ×0.2

ガ類　ヤママユガ科●／スズメガ科●

## エゾヨツメ ●
*Aglia japonica*

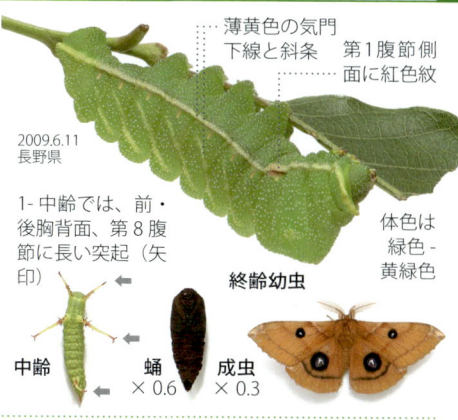

体 50mmほど 開 70-100mm 齢 不明 発 春-初夏1回、蛹越冬 分 北-九 食 コナラ、クリ（ブナ科）、カバノキ、ハンノキ（カバノキ科）、カエデ類（カエデ科）など 特 1齢-中齢まで、長く広がる突起をそなえたイモムシ。終齢で突起はなくなる。

2009.6.11 長野県

薄黄色の気門下線と斜条
第1腹節側面に紅色紋
体色は緑色-黄緑色

1-中齢では、前・後胸背面、第8腹節に長い突起（矢印）

中齢　終齢幼虫　蛹 ×0.6　成虫 ×0.3

## エビガラスズメ ●
*Agrius convolvuli*

体 80-90mm 開 80-105mm 齢 不明 発 初夏-秋2回、蛹越冬 分 北-南 食 サツマイモ、ヒルガオ、アサガオ、ヨルガオ、ルコウソウ（ヒルガオ科）など 特 サツマイモの葉を食べる害虫として知られる大型イモムシ。色彩変異が大きい。

2009.9.25 長野県
終齢幼虫

体表は目立った顆粒がなく平滑

緑色の個体
緑-褐色まで体色に変異
尾角は丸く湾曲

2009.9.13 長野県

褐色の個体

蛹 ×0.4　長い小腮環がある　成虫 ×0.3

## クロメンガタスズメ ●
*Acherontia lachesis*

体 80-90mm 開 100-125mm 齢 不明 発 夏-秋1回、越冬態不明 分 本・九・南 食 ゴマ（ゴマ科）、ナス、トマト（ナス科）、キササゲ（マメ科）など 特 成虫背面の人面模様で知られる大型イモムシ。近年、本州各地でも見られるようになってきた。

体色は緑色、黄色、褐色と変異
2008.10.7 広島県

終齢幼虫

尾角は微小な突起を密布、S字状に湾曲、先端部が小さく丸まる

蛹 ×0.3　成虫 ×0.3

73

ガ類　スズメガ科

## シモフリスズメ
*Psilogramma incretum*

[体] 90 mm ほど [開] 110 - 130 mm [齢] 不明 [発] 初夏 - 秋 2 回、蛹越冬 [分] 本 - 南 [食] ゴマ（ゴマ科）、キリ（ゴマノハグサ科）、ネズミモチ（モクセイ科）、クサギ（クマツヅラ科）など多食性 [特] 多食性で町中にもしばしば発生する大型イモムシ。

2009.9.16 長野県 ムラサキシキブ
体色は緑色
終齢幼虫
尾角はほぼまっすぐで、微小突起を密布
小腰環がある
白色の斜条が目立ち、ときに褐色紋
蛹 ×0.4
成虫 ×0.2

## コエビガラスズメ
*Sphinx constricta*

[体] 75 mm ほど [開] 90 - 95 mm [齢] 不明 [発] 初夏 - 秋 2 回、蛹越冬 [分] 北 - 九 [食] イヌツゲ（モチノキ科）、イボタノキ（モクセイ科）、ガマズミ（スイカズラ科）、ユキヤナギ（バラ科）など [特] 赤紫色の斜条が鮮やかな美しいイモムシ。庭木に発生することもある。

体色は鮮黄緑色
終齢幼虫
2007.9.7 埼玉県 イヌツゲ
7本の赤紫色に縁取られた白色斜条
尾角は光沢ある黒色
短い小腰環がある
蛹 ×0.3
成虫 ×0.3

## サザナミスズメ
*Dolbina tancrei*

[体] 70 mm ほど [開] 50 - 80 mm [齢] 不明 [発] 初夏 - 秋 2 回、蛹越冬 [分] 北 - 南 [食] イボタノキ、ネズミモチ、モクセイ類、トネリコ、ヒイラギ（モクセイ科）[特] 白い斜条、三角顔が特徴のモクセイ科食スズメガ。町中のネズミモチに発生することもある。

尾角は長く直線的
頭部は三角形に近く、側面に白条
終齢幼虫
2008.9.30 長野県 イボタノキ
体色は黄緑色-緑色
蛹 ×0.6
成虫 ×0.4

ガ類　スズメガ科

## トビイロスズメ
*Clanis bilineata*

体 80 - 90 mm　開 100 - 110 mm　齢 不明　発 秋 1 回、前蛹越冬　分 本 - 南　食 クズ、ニセアカシア、ハギ類、エンジュ、フジ、ダイズなど（マメ科）　特 秋、マメ科植物に現れるスズメガ。スズメガ科では珍しい前蛹越冬で、初夏の羽化直前に蛹化する。

2008.10.19 長野県
尾角は小さく、湾曲する
頭部は丸みを帯びる
体色は黄緑色のほか、黄色もある
終齢幼虫
前蛹
成虫 × 0.3

## クチバスズメ
*Marumba sperchius*

体 80 - 90 mm　開 90 - 115 mm　齢 不明　発 夏 - 秋 2 回、蛹越冬　分 北 - 南　食 コナラ、クヌギ、クリ、アラカシ、シラカシ、ウラジロガシ、ツブラジイ（ブナ科）など　特 スズメガ科では珍しいブナ科食のイモムシ。

2009.9.17 長野県 コナラ
頭部は三角形に近い
終齢幼虫
全体に細かい顆粒を散布し、ザラザラした印象
成虫 × 0.2

## ウンモンスズメ
*Callambulyx tatarinovii*

体 60 - 70 mm　開 65 - 80 mm　齢 不明　発 初夏 - 秋 2 回、蛹越冬　分 北 - 九　食 ケヤキ、ハルニレ、アキニレ（ニレ科）　特 ニレ科食のスズメガ。斑紋変異があり、1・3・5・7 本目の斜条に赤紫色斑をともなうことがある。

2009.9.21 長野県 ケヤキ
尾角は暗赤紫色で、ほとんど曲がらない
終齢幼虫
地色は黄緑 - 緑色
全体に細かな顆粒が目立つ
頭部は三角形
蛹 × 0.5
成虫 × 0.4

75

ガ類　スズメガ科 ●

## オオシモフリスズメ ●
*Langia zenzeroides*

体 100 - 130 mm 開 140 - 160 mm 齢 5 齢 発 初夏 - 夏 1 回、蛹越冬 分 本 - 九 食 ウメ、アンズ、モモ、スモモ、ソメイヨシノなど（バラ科）特 成虫とともに最大級のスズメガ。スズメガ科は大型のイモムシで、第 8 腹節背面に 1 本の尾角をもつのが特徴。

2009.6.11
長野県

卵は薄黄緑色

1 齢幼虫
20mm ほどで、赤色の長い尾角をもつ

尾角はやや短大で湾曲

亜背線は薄黄色で目立つ

体色は緑色-黄緑色

終齢幼虫

頭部は縦長の三角形で頂部は二分する

成虫は早春に出現する

成虫 × 0.2

尾部を反らせ、ギイギイと鳴くことがある

## ウチスズメ ●
*Smerinthus planus*

体 70 - 80 mm 開 70 - 100 mm 齢 不明 発 初夏 - 秋 2 回、蛹越冬 分 北 - 九 食 シダレヤナギ、コリヤナギ、カワヤナギ、ヤマナラシ、ドロノキ、ポプラ（ヤナギ科）など 特 町中のシダレヤナギにも発生するヤナギ食のスズメガ。

2008.10.8
長野県
ヤナギ科の1種

終齢幼虫

体色は緑白色-黄緑色

気門周囲、斜条上に暗赤紫色をともなうものもいる

後翅に眼状紋

蛹 × 0.5

成虫 × 0.3

76

ガ類　スズメガ科

## オオスカシバ ●
*Cephonodes hylas*

体 60 - 65 mm 開 50 - 70 mm 齢不明 発初夏 - 秋 2 回、蛹越冬 分本 - 南 食クチナシ、コンロンカ（アカネ科）、ツキヌキニンドウ（スイカズラ科）特庭木や街路樹のクチナシにしばしば発生するスズメガ。成虫は昼行性。

緑色が多いが、茶褐色のものもいる

背楯に顆粒がある

2009.8.31
長野県
クチナシ

ほとんど顆粒が目立たず平滑

終齢幼虫

蛹 × 0.5

翅は鱗粉が落ち透明

成虫 × 0.3

## キョウチクトウスズメ ●
*Daphnis nerii*

体 70 mm ほど 開 98 mm ほど 齢不明 発夏 - 秋、越冬態不明 分九 - 南 食キョウチクトウ、ニチニチソウ（キョウチクトウ科）、ウスギコンロンカ（アカネ科）特ブルーの眼状紋をもつ美麗スズメガ。偶産種だが、近年は本州にも発生記録がある。

透明感のある黄緑色

尾角は橙黄色で短い

2008.10.15
沖縄県
ニチニチソウ

終齢幼虫

側面に青白色条

後胸背部に黒で縁取りされた青白色紋

成虫 × 0.2

## ブドウスズメ ●
*Acosmeryx castanea*

体 75 - 80 mm 開 70 - 90 mm 齢不明 発初夏 - 秋 2 回、蛹越冬 分北 - 南 食ヤブガラシ、ノブドウ、エビヅル、ツタ、ブドウ（ブドウ科）特頭部に向かって細まる体型のスズメガ。しばしば頭部を引き込み、エラの張った姿（写真）を見せる。

尾角は緑褐色

2013.7.2
愛知県
ヤブガラシ

終齢幼虫
後胸、第1腹節付近が最も太い

蛹 × 0.4

成虫 × 0.3

ガ類　スズメガ科

## ホシヒメホウジャク
*Neogurelca himachala*

体 45 - 55 mm 開 35 - 40 mm 齢不明 発初夏 - 秋 2 回、成虫越冬 分北 - 九 食ヘクソカズラ（アカネ科）特ヘクソカズラに現れる最小クラスのスズメガ。体色と斑紋の程度に大きな変異がある。葉やつるの下側に S 字状の姿勢で静止する。

体色は緑色-褐色まで変異

尾角はとても長くやや上方に反る

2009.8.31
長野県
ヘクソカズラ

S 字状静止姿勢

終齢幼虫

蛹 × 0.7

成虫 × 0.6

## ホシホウジャク
*Macroglossum pyrrhosticta*

体 50 - 55 mm 開 40 - 50 mm 齢不明 発夏 - 秋 2 回、越冬態不明 分北 - 南 食ヘクソカズラ（アカネ科）特ヘクソカズラに普通に生息するホウジャク。全体黄緑色の個体と全体黄褐色の個体がいる。成虫は昼行性。

尾角は長く、ほとんど曲がらない

2009.8.31
長野県
ヘクソカズラ

終齢幼虫

淡色の側線が走る

蛹 × 0.6

成虫 × 0.5

## イブキスズメ
*Hyles gallii*

体 60 - 70 mm 開 60 - 85 mm 齢不明 発初夏 - 夏 1 回、蛹越冬 分北 - 本 食カワラマツバ（アカネ科）、ヤナギラン（アカバナ科）、マツムシソウ（マツムシソウ科）特高地草原に生息し、眼状紋がずらりと並ぶ、特徴的なスズメガ。

2009.8.19
長野県
ヤナギラン

終齢幼虫

尾角は赤色でやや湾曲
亜背部に黄色紋が並ぶ

体色は黄土色のものと黒色のものがいる

蛹 × 0.4

成虫 × 0.3

ガ類　スズメガ科

## ベニスズメ ●
*Deilephila elpenor*

体 75 - 80 mm 開 55 - 65 mm 齢 不明 発 初夏 - 秋 2 回、蛹越冬 分 北 - 南 食 ツリフネソウ、ホウセンカ（ツリフネソウ科）、オオマツヨイグサ（アカバナ科）、ミソハギ（ミソハギ科）など 特 後胸部をふくらませ、眼状紋を見せる習性のあるスズメガ。

第 1・2 腹節背面に眼状紋
終齢幼虫
2009.8.19 長野県
尾角は黒褐色で先端が白い
全体が暗褐色の個体が多いが、全体が緑色の個体もいる
成虫 × 0.4

## コスズメ ●
*Theretra japonica*

体 75 - 80 mm 開 55 - 70 mm 齢 不明 発 初夏 - 秋 2 回、蛹越冬 分 北 - 南 食 ノブドウ、ヤブガラシ、エビヅル、ツタ（ブドウ科）、オオマツヨイグサ（アカバナ科）など 特 ヤブガラシなどに生息する 4 つの眼状紋をもつスズメガ。

緑色の個体
褐色の個体
2009.9.25 長野県
亜背部に黄白色紋が並び、第 1-2 腹節のものは大きく眼状
終齢幼虫
蛹 × 0.5
2006.7.5 長野県
成虫 × 0.4

## セスジスズメ ●
*Theretra oldenlandiae*

体 80 - 85 mm 開 55 - 70 mm 齢 不明 発 初夏 - 秋 2 回、蛹越冬 分 北 - 南 食 サトイモ（サトイモ科）、ヤブガラシ（ブドウ科）、ホウセンカ（ツリフネソウ科）など 特 ずらりと並ぶ黄色と赤の眼状紋列をもつイモムシ。サトイモ畑など人里環境で普通に見られる。

2009.8.31 長野県 カラー
体色は黒褐色
終齢幼虫
第 1-2 腹節に黄色の、第 3-7 腹節に赤色の入った眼状紋がある
蛹 × 0.5
成虫 × 0.4

79

## シャチホコガ

*Stauropus fagi*

体 45 mm ほど 開 50 - 65 mm 齢 7 齢 発 初夏 - 秋 2 回、蛹越冬 分 北 - 九 食 カエデ類（カエデ科）、ケヤキ（ニレ科）、クマシデ（カバノキ科）、クルミ類（クルミ科）、ハギ類（マメ科）など多食性 特 肥大した尾部、長い脚、反り返るポーズが大きな特徴。この姿が名の由来とされるが、同科は普通のイモムシ型、毛虫型など変化に富む。

2010.7.18 長野県 コナラ

中・後脚が細長く伸びる

終齢幼虫

尾脚はこん棒状

第 7-9 腹節が肥大

静止するときは、胸脚をたたみ背中側に反る

刺激を受けると、胸脚を開いてわなわなと振動させる

成熟すると、地上に降りて薄い繭をつくって蛹化する

蛹 ×1

成虫 ×0.5

## シロシャチホコ

*Cnethodonta japonica*

体 30 mm ほど 開 33 - 50 mm 齢 不明 発 夏 - 秋 2 回、蛹越冬 分 本 - 九 食 アカシデ、イヌシデ、クマシデ、サワシバ（カバノキ科）、ブナ（ブナ科）、オニグルミ（クルミ科）など 特 鮮やかな黄色の体で反り返るシャチホコ型のイモムシ。

体色は黄色-赤褐色まで変異

2008.10.18 長野県

終齢幼虫

静止時に胸脚を折りたたまない

成虫 ×0.7

ガ類　シャチホコガ科

## ナカグロモクメシャチホコ
*Furcula furcula*

体 35 mm ほど 開 37 mm ほど 齢 不明 発 初夏 - 秋 2 回、蛹越冬 分 北 - 九 食 ヤナギ類、ポプラ（ヤナギ科） 特 ヤナギに生息し、背中の褐色紋、尾部の 2 本の長い突起が特徴的なシャチホコガ。刺激を受けると尾脚先端から暗紅色のひも状物を出す。

2010.10.10 長野県 ヤナギ科の1種

終齢幼虫

尾脚は長い突起になる

胸背部に三角形、腹背部に菱形の褐色紋

尾端先端のひも状物

蛹 ×1

成虫 ×0.6

## ギンシャチホコ
*Harpyia umbrosa*

体 45 mm ほど 開 50 - 55 mm 齢 不明 発 夏 - 秋 2 回？、蛹越冬 分 北 - 九 食 コナラ、クヌギ、クリ（ブナ科） 特 背中に枝分かれした突起が並ぶ特異な形態のシャチホコガ。尾脚は退化していて、つねに尾部を浮かせている。

体色は緑色で、胴部側面などに褐色紋

2009.9.12 長野県 コナラ

終齢幼虫

第 1 腹節背面には長く先端が三又の、第 2-6・8 腹節背面には先端が二又の突起

亜終齢幼虫

成虫 ×0.5

## ムラサキシャチホコ
*Uropyia meticulodina*

体 40 mm ほど 開 50 - 55 mm 齢 5 齢 発 初夏 - 秋 2 回、蛹越冬？ 分 北 - 九 食 オニグルミ（クルミ科） 特 オニグルミに生息する長い尾脚をもったシャチホコガ。成虫は前翅にカールした枯れ葉模様のある擬態の名手（写真内矢印）。

頭部は褐色、角状突起がある

尾脚は長く、刺毛が生える

黄緑色で背部を中心に褐色紋

亜終齢幼虫

2009.6.30 長野県 オニグルミ

成虫 ×0.5

ガ類　シャチホコガ科

## ホソバシャチホコ
*Fentonia ocypete*

[体] 40 mm ほど [開] 45 - 50 mm [齢] 不明 [発] 夏 - 秋 2 回、蛹越冬 [分] 北 - 九 [食] コナラ、クヌギ、ミズナラ、アラカシ（ブナ科）[特] 模様が複雑で美しいシャチホコガ。虫食いの葉にとまっていると見つけにくい。

淡褐色の地色に、赤褐色の細条、白色 - 黄色紋が複雑に入る

2009.7.27 長野県 コナラ

胸部側面は緑色

終齢幼虫

蛹 ×1　成虫 ×0.7

## モンクロシャチホコ
*Phalera flavescens*

[体] 50 mm ほど [開] 45 - 50 mm [齢] 不明 [発] 夏 - 秋 1 回、蛹越冬 [分] 北 - 九 [食] ソメイヨシノなどサクラ類、ナシ、ズミ、ビワ（バラ科）[特] サクラに集団発生する毛虫型のシャチホコガ。バラ科樹木の害虫としても知られる。

2008.9.9 長野県 ソメイヨシノ

終齢幼虫

頭部、胴部とも黒色

黄白色の毛

通常、尾部を浮かせた姿勢

サクラに集団発生す る

成虫 ×0.5

## セダカシャチホコ
*Rabtala cristata*

[体] 50 mm ほど [開] 65 - 80 mm [齢] 不明 [発] 夏 - 秋 2 回、蛹越冬 [分] 北 - 南 [食] コナラ、ミズナラ、クヌギ、アラカシ、アカガシなど（ブナ科）[特] 目立つ突起がなく、イモムシ基本形の太い棒状シャチホコガ。

2009.8.4 長野県 ミズナラ

気門、肛上板後縁は赤褐色

終齢幼虫

地色は薄緑色で、背面は白緑色、側面に白斜条

頭部は丸く、灰緑色

蛹 ×0.8　成虫 ×0.4

ガ類　シャチホコガ科

## ウスキシャチホコ
*Mimopydna pallida*

体 50 mm ほど 開 40 - 45 mm 齢不明 発初夏 - 秋 2 回、蛹越冬 分北 - 九 食ススキ、ササ類、タケ類（イネ科）特イネ科植物に発生する細長いシャチホコガ。イネ科植物の葉脈のように体に縦のラインが走る。

2009.7.1 長野県 タケの1種
地色は緑白色
終齢幼虫
緑色の背線、側線、黄色の気門下線などの縦条が走る
蛹 ×1
成虫 ×1

## トビスジシャチホコ
*Notodonta stigmatica*

体 35 mm ほど 開 50 mm ほど 齢 5 齢 発初夏 - 秋 2 回、蛹越冬 分北 - 九 食ヤマハンノキ、ヤシャブシ、シラカンバ、ダケカンバ（カバノキ科）特背面に突起が並び、ステゴサウルスを連想させるシャチホコガ。

2008.10.8 長野県
第 1-3・8 腹節背面に黄色の突起 
終齢幼虫
体色は黄緑色で背部は黄色味を帯びる 
S字状の静止姿勢 
蛹 ×1 
成虫 ×0.8

## オオトビモンシャチホコ
*Phalerodonta manleyi*

体 50 mm ほど 開 45 mm ほど 齢不明 発初夏 1 回、卵越冬 分北 - 南 食ミズナラ、コナラ、クヌギ、アベマキ、カシワ、クリ（ブナ科）特ブナ科樹木に集団発生し、枝先の葉を丸坊主する、よく目立つイモムシ。

2009.5.27 長野県 クヌギ
全体に白色毛 
終齢幼虫
頭部は黒色
胴部は赤褐色 - 黄褐色で、黒色紋が複雑に入る 
集団摂食する
蛹 ×1 
成虫 ×0.6

ガ類　シャチホコガ科●／ドクガ科●

## タテスジシャチホコ●
*Togepteryx velutina*

体 30 mm ほど 開 38 mm ほど 齢 不明 発 夏 - 秋 2 回、蛹越冬 分 北 - 九 食 ハウチワカエデ、ウリハダカエデ、イタヤカエデなど（カエデ科）特 オレンジの頭部、黄色と黒の横縞の胴体、と珍しいデザインのシャチホコガ。

2008.7.23 長野県 カエデ科の1種

背面は各節3本の黒色横帯

頭部は橙黄色で黒紋

側面は薄黄色、腹面は黒色

終齢幼虫

J字状の静止姿勢

成虫 ×1

## ウスイロギンモンシャチホコ●
*Spatalia doerriesi*

体 35 mm ほど 開 36-41 mm 齢 不明 発 夏 - 秋 2 回、蛹越冬 分 北 - 九 食 ミズナラ、コナラ（ブナ科）特 一見シタバガを思わせる細長い体型のシャチホコガ。つるつるとした光沢がある。

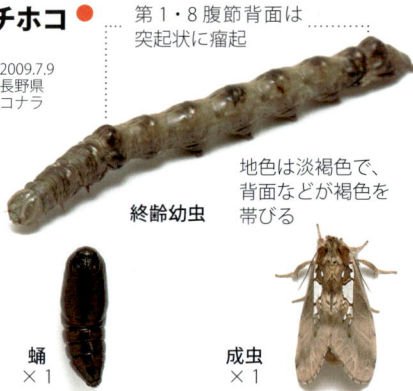

2009.7.9 長野県 コナラ

第1・8腹節背面は突起状に瘤起

地色は淡褐色で、背面などが褐色を帯びる

終齢幼虫

蛹 ×1

成虫 ×1

## スギドクガ●
*Calliteara argentata*

体 40 - 45 mm 開 42 - 65 mm 齢 不明 発 初夏 - 夏 2 回、幼虫越冬 分 北 - 九 食 スギ（スギ科）、ヒノキ、サワラ（ヒノキ科）特 緑色の体に歯ブラシ状の毛束をそなえる美しい毛虫。刺激を受けると背を丸めて黒い横帯を見せる。

2006.5.2 長野県

第1-4腹節背面に側面白色、中央部褐色の毛束

地色は緑色

終齢幼虫

黒色縁取りのある白色紋

スギやヒノキにとけこむ色彩

成虫 × 0.5

ガ類　ドクガ科

## リンゴドクガ
*Calliteara pseudabietis*

[体] 30-35 mm [開] 36-60 mm [齢]不明 [発]初夏-秋2回、蛹越冬 [分]北-九 [食]リンゴ（バラ科）、ヤナギ類（ヤナギ科）、コナラ（ブナ科）、カエデ類（カエデ科）など [特]レモン色の美しい毛虫。刺激を受けると背を丸め黒色横帯を見せる（表紙）。

地色はやや緑色を帯びた薄黄色
2008.9.16 北海道 ミズナラ
全身に黄白色の長毛
第1-4腹節背面に歯ブラシ状の毛束
終齢幼虫
繭 ×0.5 
体毛を混ぜた薄い繭をつくる
成虫 ×0.6 

## マメドクガ
*Cifuna locuples*

[体] 35-40 mm [開] 29-47 mm [齢]不明 [発]春-秋3回、幼虫越冬 [分]北-九 [食]フジ、ダイズ（マメ科）、ケヤキ（ニレ科）、ウツギ（ユキノシタ科）、コナラ（ブナ科）など [特]多種の植物に生息し、毛束の目立つ、普通に見られる毛虫。

2008.5.21 長野県
地色は黒褐色-黒色
第1-4腹節背面に茶褐色毛束
第1-2腹節気門下、第8腹節背面に黒色毛束
終齢幼虫
蛹 ×0.5 
体毛を混ぜた薄い繭をつくる
成虫 ×0.7 

## スゲオオドクガ
*Laelia gigantea*

[体] 45 mmほど [開] 34-50 mm [齢]不明 [発]初夏-秋2回？、蛹越冬？ [分]本-南 [食]ヨシなど（イネ科） [特]ヨシなどに生息する毛虫。淡褐色・暗褐色・茶色の渋い配色。

2009.5.21 長野県 ヨシ
第8腹節に褐色毛束
終齢幼虫 
第1-4腹節背面に側面が淡色、中央部が濃色の歯ブラシ状褐色毛束
蛹 ×0.8
成虫 ×0.9 

85

ガ類 ドクガ科

## エルモンドクガ
*Arctornis l-nigrum*

体 30 - 35 mm 開 38 - 53 mm 齢不明 発初夏 - 夏2回、幼虫越冬？ 分北 - 九 食ケヤキ、ハルニレ（ニレ科）特暗色トーンの毛虫。刺激を受けると胸部、尾部を持ち上げ、胸部の毛を前方に向ける。

2009.5.22 長野県 ケヤキ
地色は黒色
尾部に黒色長毛
腹部には黄色毛
終齢幼虫
胸部に茶褐色毛と黒色長毛
蛹 ×0.8
成虫 ×0.7

## マイマイガ 注意
*Lymantria dispar*

体 55 - 70 mm 開 45 - 93 mm 齢不明 発初夏1回、卵越冬 分北 - 南 食サクラ類、ウメ（バラ科）、クヌギ、クリ、アラカシ（ブナ科）、ヤナギ類（ヤナギ科）、ケヤキ（ニレ科）、ハンノキ（カバノキ科）など 特広範囲の植物を食べ、ときに害虫になるほど発生する毛虫。

1齢幼虫には毒刺毛があるので注意。2齢以降は無毒

胴部は灰黄色に黒色紋が不規則に散布

2009.6.11 長野県

卵塊は樹幹などに毛でおおわれ産みつけられる

中胸 - 第4腹節は青色の、第5腹節からは赤色の瘤起列

成虫♂ ×0.5

終齢幼虫

頭部は黄褐色でハの字状の黒色紋

ガ類　ドクガ科

## カシワマイマイ
*Lymantria mathura*

体 50 - 55 mm 開 45 - 93 mm 齢不明 発初夏 - 夏1回、卵越冬 分北 - 南 食コナラ、クヌギ、カシワ（ブナ科）、サクラ類（バラ科）、カエデ類（カエデ科）など 特前方と後方にのびる長い毛束が特徴的な、雑木林によく見られる毛虫。

2006.6.30 長野県
前胸に前方に伸びる長い黒褐色毛束
第9腹節には後外方に伸びる長い黒褐色毛束
終齢幼虫

蛹 ×0.6
体表にまばらな短い毛束
成虫 ×0.4

## ウチジロマイマイ
*Parocneria furva*

体 30 mm ほど 開 22 - 35 mm 齢7齢 発初夏 - 秋2回、卵または幼虫越冬 分北 - 九 食ヒノキ、ビャクシン、ハイビャクシン（ヒノキ科）特ヒノキ科樹木に生息する毛のまばらな毛虫。蛹の体表にもまばらに毛が生える。

ややまばらに黄褐色刺毛
体色は緑褐色 - 黄褐色
2009.6.14 長野県 ヒノキ
終齢幼虫

背線、亜背線、気門線などが縦縞
蛹 ×1.5
成虫 ×0.9

## クロモンドクガ
*Pida niphonis*

体 25 - 30 mm 開 35 - 44 mm 齢不明 発春 - 秋2回、越冬態不明 分北 - 九 食アカシデ、イヌシデ、ハシバミ、アサダ（カバノキ科）など 特2つの暗褐色毛束が目印のカバノキ科食ドクガ。

第1・2腹節背部に長さのそろった暗褐色毛束
前胸に長い黒色毛束
2009.5.9 長野県 シデ類の1種
終齢幼虫
全体に束状に生える褐色刺毛

成虫 ×0.8

ガ類　ドクガ科

## チャドクガ 注意
*Arna pseudoconspersa*

体 25 - 30 mm 開 24 - 35 mm 齢 不明 発 春 - 秋 2 回、卵越冬 分 本 - 九 食 ツバキ、チャ、サザンカ（ツバキ科）特 ツバキ科の害虫として知られる有名なドクガ。刺毛には毒があり、脱落後も毒性があるので観察に注意が必要。

地色は淡黄緑色、瘤起部の黒褐色などが並ぶ

2009.9.19 神奈川県 ツバキ

終齢幼虫

頭部は黄褐色

幼虫の毒刺毛は、繭、メス成虫の尾毛、卵塊にも付着

繭 ×1　成虫 ×1

## モンシロドクガ 注意
*Sphrageidus similis*

体 20 - 25 mm 開 24 - 39 mm 齢 不明 発 春 - 秋 2-3 回、幼虫越冬 分 北 - 九 食 ウメ、ナシ、サクラ類、リンゴ（バラ科）、クヌギ、コナラ、クリ（ブナ科）など 特 オレンジと黒のコントラストが鮮やかな普通に見られる毛虫。毒刺毛がある。

2009.4.30 長野県

背面に幅広の橙黄色帯

全体に黒褐色毛

側面に橙黄色部

地色は黒色

頭部は光沢のある黒色

終齢幼虫

繭 ×0.8　成虫 ×1

## ドクガ 注意
*Artaxa subflava*

体 30 - 40 mm 開 25 - 42 mm 齢 13 - 17 齢 発 春 - 初夏 1 回、幼虫越冬 分 北 - 九 食 ウメ、サクラ類、バラ類（バラ科）、コナラ、クヌギ（ブナ科）、カキ（カキノキ科）、イタドリ（タデ科）など 特 毒刺毛があり、触れるとかゆみ、炎症を起こす。

2009.5.18 長野県 ウメ

終齢幼虫

頭部は光沢のある黒色

背線、中後胸、第 9 腹節背面、側面下方などが橙色

体色は黒色

蛹 ×0.8　繭 ×0.8　成虫 ×0.6

ガ類　ドクガ科●／ヒトリガ科●

## キドクガ ● 注意
*Euproctis piperita*

体 30 mm ほど 開 25 - 38 mm 齢 不明 発 初夏 - 秋 2 回、幼虫越冬 分 北 - 九 食 ヤシャブシ（カバノキ科）、アラカシ（ブナ科）、ケヤキ（ニレ科）、アカメガシワ（トウダイグサ科）特 配色 などがモンシロドクガに似た毛虫。

第 2-7 腹節の 2 本の橙黄色 背線が顕著
2007.10.3 長野県

気門下線は太く、橙黄色

終齢幼虫
前胸に黒褐色の長い毛束
成虫 × 0.8

## アメリカシロヒトリ ●
*Hyphantria cunea*

体 30 mm ほど 開 30 mm ほど 齢 不明 発 初夏 - 秋 2 回、蛹越冬 分 本 - 九 食 サクラ類、バラ類（バラ科）、コナラ（ブナ科）、トウカエデ（カエデ科）、クワ（クワ科）など多食性 特 北米原産の有名な移入種。3 齢まで糸を張り集団生活する。

2009.7.3 長野県 クワ

全体に白色、一部黒色の長毛

地色は背面が灰黒色、側面は淡黄色が多いが、変異がある

終齢幼虫

蛹 × 0.8　繭 × 0.8　成虫 × 0.7

## ヒトリガ ●
*Arctia caja*

体 60 mm ほど 開 48 - 60 mm 齢 不明 発 春 - 初夏 1 回、幼虫越冬 分 北 - 本 食 クワ（クワ科）、キク類（キク科）、ニワトコ（スイカズラ科）など 特 黒 - 褐色の長い毛を密生する大型毛虫。初夏に歩いている姿をよく見る。クマケムシなどと呼ばれる。

2009.5.14 長野県
終齢幼虫

頭部は光沢のある黒褐色

黒褐色 - 褐色の長い刺毛を密生

蛹 × 0.5　成虫 × 0.4

89

ガ類　コブガ科●／ヤガ科●

## リンゴコブガ ●
*Evonima mandschuriana*

体 17 mm ほど 開 17 - 24 mm 齢 8 齢 発 初夏 - 夏？ 2 回、越冬態不明 分 北 - 九 食 クヌギ、コナラ、クリ（ブナ科）、サクラ類、リンゴ（バラ科） 特 頭の殻をトーテムポールのように積み重ねる特異な習性をもつコブガ。

2009.6.8
長野県
サクラの1種

全体に灰白色長毛があり、胸部、腹部前半部には黒色長毛

前胸背部に頭部脱皮殻（終齢で7個）が積み重なる

終齢幼虫

蛹 ×1

成虫 ×1

## アケビコノハ ●
*Eudocima tyrannus*

体 75 mm ほど 開 90 mm ほど 齢 不明 発 初夏 - 秋 2 回、成虫越冬 分 北 - 南 食 アケビ、ミツバアケビ（アケビ科）、アオツヅラフジ（ツヅラフジ科）、ヒイラギナンテン（メギ科）など 特 側面の眼状紋と静止姿勢が独特な、アケビにつくイモムシ。ヤガ科は日本最大の科で、円筒形の基本的なイモムシ型から毛虫型まできわめて多くの種を含む。

2009.7.24
長野県
アケビ

第2-3腹節側面に大型眼状紋

頭部を曲げ第2腹節、尾端を高く上げて静止する

体色は暗紫褐色 - 淡褐緑色

成虫で越冬する

終齢幼虫

蛹 ×0.5

成虫 ×0.2

## ナシケンモン
*Viminia rumicis*

体 30 - 35 mm 開 32 - 40 mm 齢不明 発春 - 秋数回、蛹越冬 分北 - 九 食サクラ類（バラ科）、アブラナ（アブラナ科）、マメ類（マメ科）、ギシギシ（タデ科）など多食性 特草本から木本までに広く見られる。ケンモンヤガの仲間はヤガ科では少ない毛虫型。

2007.10.22 長野県 キクイモ
頭部・胴部の色は黒色-褐色まで変異
2007.11.5 長野県
褐色の個体
終齢幼虫
黒色の個体
腹部気門下線は白色 - 黄白色で、節中央で橙褐色
成虫 × 0.5

## カブラヤガ
*Agrotis segetum*

体 40 mmほど 開 37 - 45 mm 齢不明 発初夏 - 秋 2回、幼虫越冬 分北 - 南 食アブラナ科、ナス科、マメ科、ウリ科、ヒルガオ科、サトイモ科など広く栽培植物 特根際を切断する習性があり、ネキリムシと呼ばれる農業害虫の一つ。

胴部は灰褐色
2009.6.14 長野県
終齢幼虫
頭部は褐色
刺毛基部に小黒点
蛹 × 1
サニーレタスの食痕（矢印）
成虫 × 0.7

## ニセタマナヤガ
*Peridroma saucia*

体 40 mmほど 開 42 - 45 mm 齢不明 発春 - 秋、越冬態不明 分北 - 九 食キャベツ（アブラナ科）、トマト（ナス科）、カタバミ（カタバミ科）、タンポポ（キク科）、オオバコ（オオバコ科）など 特土中にひそむヨトウムシ様のイモムシ。

2009.8.28 長野県
体色は褐色
終齢幼虫
近年の移入種で、農業害虫としても分布を広げた
蛹 × 1
成虫 × 0.7

ガ類　ヤガ科

## ハイイロセダカモクメ
*Cucullia maculosa*

[体] 35 mm ほど [開] 38 - 42 mm [齢] 不明 [発] 秋 1 回、蛹越冬 [分] 北 - 九 [食] ヨモギ（キク科）[特] 秋、ヨモギが花穂をつけるタイミングに合わせて出現する擬態の名手。胸部、尾部をかかげた M 字状の静止姿勢をとり、見つけにくい。

各節は中央付近で隆起し、さらに小さな瘤起をもつ

体色は濃 - 薄緑色が斑模様となり、隆起部、気門周辺が紅色

2006.10.4
長野県
ヨモギ

終齢幼虫

成虫 × 0.5

## キバラモクメキリガ
*Xylena formosa*

[体] 50 - 55 mm [開] 50 mm ほど [齢] 不明 [発] 初夏 - 夏 1 回、成虫越冬 [分] 北 - 南 [食] サクラ類（バラ科）、エニシダ（マメ科）、タケニグサ（ケシ科）、イタドリ（タデ科）、キクイモ（キク科）など多食性 [特] 頭部後ろの黒色紋が目印の多食性キリガ。

2009.7.4
長野県
サクラ類の1種

背楯はビロード様の黒色

体色は淡褐色-暗褐色

気門線は上方黒色に縁取られる白色

終齢幼虫

亜終齢までは深緑色

成虫 × 0.4

## オオシマカラスヨトウ
*Amphipyra monolitha*

[体] 40 mm ほど [開] 57 - 60 mm [齢] 不明 [発] 春 - 初夏 1 回、卵越冬 [分] 本 - 九 [食] クヌギ、コナラ（ブナ科）、エノキ（ニレ科）、ヤナギ類（ヤナギ科）、オニグルミ（クルミ科）など [特] 多くの樹木に発生し、太い体型、尾部の突起が目印のイモムシ。

2009.5.22
長野県
オニグルミ

体色は薄緑色

終齢幼虫

気門は黒色環に囲まれた白色

第 8 腹節背面に円錐形のとがった突起

蛹 × 0.6

成虫 × 0.5

ガ類　ヤガ科

## キノカワガ
*Blenina senex*

体 35 - 40 mm
開 40 mmほど
齢不明 発初夏 -
秋 2-3回、成虫
越冬 分本 - 南 食
カキ（カキノキ
科）特カキに生
息する。成虫は
樹幹越冬し擬態
の名手。

終齢幼虫
胴部は鮮緑色　気門は橙色
頭部は黄緑色
繭 ×0.6
黄色いボート形の繭をつくって蛹化
2009.7.4 長野県 カキ
成虫 ×0.5

## サラサリンガ（サラサヒトリ）
*Camptoloma interioratum*

体 35 mmほど 開 33
- 39 mm 齢不明 発初
夏1回、幼虫越冬 分
北 - 九 食クヌギ、ナ
ラ類、カシ類（ブナ
科）特樹幹に多数が
身を寄せ、存在感あ
ふれるイモムシ。若
齢で袋状の巣に入っ
て越冬する。

前後がやや細くなる円筒形
2009.5.16 長野県 クヌギ 
終齢幼虫
黒褐色の地に、やや波打つ黄褐色縦縞が走る
樹幹に群れる 
繭 ×0.7
成虫 ×0.6 

## カバシタリンガ
*Xenochroa internifusca*

体 30 mmほど 開 30 -
32 mm 齢不明 発春 -
秋、越冬態不明 分九
- 南 食アデク（フトモ
モ科）特胸部がきわ
めて肥大する、特異
な形態の南国イモム
シ。刺激を受けると
頭を胸の下に引き込
む姿勢（写真）をとる。

第8腹節背部に1対の突起
頭部と腹部は黄褐色
胸部は緑褐色で肥大
2009.3.12 沖縄県 アデク
終齢幼虫
成虫 ×1

ガ類　ヤガ科

## シラホシコヤガ
*Enispa bimaculata*

体 15 - 20 mm 開 15 mm ほど 齢不明 発春 - 初夏1回、幼虫越冬 分北 - 南 食地衣類 特地衣類にまぎれるイモムシ。繭も地衣類におおわれる。コヤガ類には腹脚を一部欠き尺取虫様に移動するものが多い。

2009.5.12 長野県 地衣類の1種

側方に3対突起状にふくらむ
地衣類片を厚く付着させる

終齢幼虫

体は細長く、第3・4腹脚を欠き、淡緑色

地衣類を除去

繭

成虫 ×1

## モモイロツマキリコヤガ
*Lophoruza pulcherrima*

体 30 mm ほど 開 30 mm ほど 齢不明 発初夏 - 秋1回、越冬態不明 分北 - 九 食サルトリイバラ、シオデなど（ユリ科） 特ユリ科に生息する、背中に3対の肉質突起をもつイモムシ。突起部をかかげるようなM字状の静止姿勢をとる。

2009.7.30 長野県

第1-3腹節背面に3対の、第8腹節に1本の肉質突起

終齢幼虫

体色は紫褐色、全身に微毛を密生

繭 ×1

成虫 ×1

## シロマダラコヤガ
*Protodeltote distinguenda*

体 30 mm ほど 開 23 - 26 mm 齢不明 発初夏 - 夏、蛹越冬 分北 - 九 食アキメヒシバ、チヂミザサ、イネ（イネ科） 特イネ科に発生するコヤガ。本種をはじめ、コヤガの中にはイネの害虫となるものがある。

2009.7.7 長野県 イネ

背線は灰褐色で太い

終齢幼虫

体色は薄黄色 - 黄褐色

蛹 ×1.5

成虫 ×1

ガ類　ヤガ科

## エゾベニシタバ
*Catocala nupta*

体 70 mm ほど 開 66 - 70 mm 齢 5 齢 発 初夏 - 夏 1 回、卵越冬 分 北 - 本 食 ヤマナラシ、ドロノキ、セイヨウハコヤナギ、オオバヤナギ、オノエヤナギなど（ヤナギ科）特 ヤナギ類に生息するシタバガ。終齢は樹幹に静止している。

側面のジグザグ模様が比較的目立つ

2009.6.27 長野県 ヤナギ科の1種

終齢幼虫

灰白色のもの、暗化したもの、黒色模様が強いものまで変異

蛹 ×0.6　成虫 ×0.4

## ベニシタバ
*Catocala electa*

体 70 mm ほど 開 75 mm ほど 齢 5 齢 発 初夏 - 夏 1 回、卵越冬 分 北 - 九 食 イヌコリヤナギ、バッコヤナギ、ケショウヤナギ、セイヨウハコヤナギなど（ヤナギ科）特 ヤナギに生息するシタバガ。前種より広く見られる。

体色には灰白色 - 暗褐色まで変異

2009.6.6 長野県 ヤナギ科の1種

終齢幼虫

蛹 ×0.6　成虫 ×0.4

## オニベニシタバ
*Catocala dula*

体 75 mm ほど 開 65 - 70 mm 齢 5 齢 発 初夏 1 回、卵越冬 分 北 - 九 食 クヌギ、コナラ、カシワ、ミズナラ、アラカシ（ブナ科）特 クヌギなどブナ科食のシタバガ。樹皮状で、枝や幹に留まっていると見つけにくい。

体色は淡褐色 - 褐色

2009.5.19 長野県 クヌギ

終齢幼虫

成虫は鮮やかな紅色の後翅

蛹 ×0.6　成虫 ×0.4

95

ガ類　ヤガ科

## エゾシロシタバ
*Catocala dissimilis*

体 60 mm ほど　開 45 - 50 mm　齢 6 齢　発 初夏 1 回、卵越冬　分 北 - 九　食 ミズナラ、カシワ（ブナ科）　特 ミズナラ食のシタバガ。終齢幼虫がコケや地衣類の付着した樹幹に静止していると見つけにくい。

比較的細長い体型

2009.6.4
長野県
ミズナラ

終齢幼虫

体色は淡褐色 - 褐色

蛹 ×1　成虫 ×0.6

## キシタバ
*Catocala patala*

体 60 - 65 mm　開 70 - 75 mm　齢 5 齢　発 初夏 1 回、卵越冬　分 本 - 九　食 フジ（マメ科）　特 細かな縦縞をもつフジ食のシタバガ。つるの先の部分や枝に静止している。危険を感じると体をくねらせ落下する習性がある。

2009.6.10
長野県
フジ

終齢幼虫

体色は黄色 - 灰褐色で、多数の細い暗色縦条が走る

蛹は表面に白粉が付着

蛹 ×0.7　成虫 ×0.4

## フクラスズメ
*Arcte coerula*

体 70 - 80 mm　開 75 - 80 mm　齢 不明　発 初夏 - 秋 2 回、成虫越冬　分 北 - 南　食 コアカソ、カラムシ、ヤブマオ、ラセイタソウ、イラクサ、ラミー（イラクサ科）など　特 カラムシなどに生息する、目立つ配色の大型イモムシ。

体色は薄黄色で、背部に黒色横縞
腹節気門周辺に赤色斑

終齢幼虫

刺激を受けると、前半身を左右に振動させる

2009.7.3
長野県
コアカソ

蛹 ×0.7　成虫 ×0.4

ガ類　ヤガ科

## キンイロエグリバ
*Calyptra lata*

体 45 mm ほど 開 51 - 56 mm 齢不明 発初夏 - 秋2回、越冬態不明 分本・九 食アオツヅラフジ、コウモリカズラ（ツヅラフジ科）特黒のビロードをまとうオレンジ色の頭部のおしゃれなイモムシ。

頭部は橙黄色で黒色紋
胴部はビロード様の黒色
終齢幼虫
2009.5.16
長野県
アオツヅラフジ
断続する銀白色の細い波線が入る
蛹 ×0.7
繭 ×0.5
成虫 ×0.4

## ミナミエグリバ
*Calyptra minuticornis*

体 40 mm ほど 開 40 - 44 mm 齢不明 発初夏 - 秋?2回、成虫越冬? 分本・九・南 食コバノハスノハカズラ（ツヅラフジ科）特オレンジの頭部、黒い胴部に黄色の斑紋が目立つ南方系エグリバ。

頭部は橙褐色で1対の小さな黒斑がある
終齢幼虫
2009.6.22
鹿児島県
胴部はつや消しの黒色で、黄色斑紋が並ぶ
蛹 ×1
成虫 ×0.6

## アヤシラフクチバ
*Sypnoides hercules*

体 45 - 50 mm 開 53 mm ほど 齢不明 発初夏 - 夏2回?、卵越冬? 分北 - 九 食コナラ、クヌギ、ミズナラ、ブナ、カシワ（ブナ科）特細長い体型のクチバ。刺激を受けると体をくねらせて落下する習性がある。

頭部は黄褐色
2009.5.22
長野県
コナラ
尾脚は後方に突き出す
第3-4腹脚は小さい
終齢幼虫
体色は淡褐色 - 茶褐色まで変異があり、全体に細かな波線様
蛹 ×1
成虫 ×0.5

## 索引

### ■ア

| | |
|---|---|
| アオスジアゲハ | 20 |
| アオバセセリ | 45 |
| アカイラガ | 56 |
| アカシジミ | 25 |
| アカタテハ | 33 |
| アカボシゴマダラ | 39 |
| アゲハ | 16 |
| アケビコノハ | 90 |
| アサギマダラ | 44 |
| アサマイチモンジ | 38 |
| アシベニカギバ | 59 |
| アメリカシロヒトリ | 89 |
| アヤシラフクチバ | 97 |
| イシガケチョウ | 35 |
| イチモンジセセリ | 48 |
| イチモンジチョウ | 38 |
| イッテンコクガ | 58 |
| イブキスズメ | 78 |
| イボタガ | 70 |
| イラガ | 54 |
| ウスイロギンモンシャチホコ | 84 |
| ウスキシャチホコ | 83 |
| ウスタビガ | 71 |
| ウストビイラガ | 57 |
| ウスバアゲハ | 20 |
| ウスバシロチョウ | 20 |
| ウスバツバメガ | 53 |
| ウスベニヒゲナガ | 49 |
| ウチジロマイマイ | 87 |
| ウチスズメ | 76 |
| ウメエダシャク | 62 |
| ウメスカシクロバ | 54 |
| ウラギンシジミ | 24 |
| ウラゴマダラシジミ | 25 |
| ウラナミアカシジミ | 26 |
| ウラナミシジミ | 31 |
| ウラミスジシジミ | 27 |
| ウンモンスズメ | 75 |
| エゾシロシタバ | 96 |
| エゾスジグロシロチョウ | 21 |
| エゾベニシタバ | 95 |
| エゾミドリシジミ | 27 |
| エゾヨツメ | 73 |
| エビガラスズメ | 73 |
| エルモンドクガ | 86 |
| オオアヤシャク | 60 |
| オオゴマダラエダシャク | 63 |
| オオシマカラスヨトウ | 92 |
| オオシモフリスズメ | 76 |
| オオスカシバ | 77 |
| オオチャバネセセリ | 48 |
| オオトビモンシャチホコ | 83 |
| オオヒカゲ | 41 |
| オオミズアオ | 72 |
| オオミドリシジミ | 27 |
| オオミノガ | 51 |
| オオムラサキ | 40 |
| オカモトトゲエダシャク | 63 |
| オナガアゲハ | 18 |
| オナガシジミ | 26 |
| オニベニシタバ | 95 |
| オビガ | 68 |
| オビカレハ | 67 |

### ■カ

| | |
|---|---|
| カイコ | 69 |
| カギシロスジアオシャク | 60 |
| カクモンハマキ | 50 |
| カシワマイマイ | 87 |
| カバシタリンガ | 93 |
| カバマダラ | 44 |
| カブラヤガ | 91 |
| カラスアゲハ | 18 |
| カレハガ | 66 |
| キアゲハ | 16 |
| キエダシャク | 65 |
| キオビエダシャク | 66 |
| キガシラオオナミシャク | 61 |

| | | | |
|---|---|---|---|
| キシタバ | 96 | サラサエダシャク | 65 |
| キタキチョウ | 22 | サラサヒトリ | 93 |
| キタテハ | 33 | サラサリンガ | 93 |
| キドクガ | 89 | シータテハ | 33 |
| キノカワガ | 93 | シモフリスズメ | 74 |
| キバラモクメキリガ | 92 | ジャコウアゲハ | 20 |
| ギフチョウ | 19 | シャチホコガ | 80 |
| キマダラセセリ | 47 | ジャノメチョウ | 41 |
| キョウチクトウスズメ | 77 | シラホシコヤガ | 94 |
| キンイロエグリバ | 97 | シロオビアゲハ | 17 |
| ギンシャチホコ | 81 | シロシタホタルガ | 53 |
| ギンモンカギバ | 59 | シロシャチホコ | 80 |
| クジャクチョウ | 34 | シロツバメエダシャク | 66 |
| クスサン | 72 | シロマダラコヤガ | 94 |
| クチバスズメ | 75 | シンジュサン | 70 |
| クヌギカレハ | 68 | スギドクガ | 84 |
| クロアゲハ | 18 | スゲオオドクガ | 85 |
| クロコノマチョウ | 42 | スジグロシロチョウ | 22 |
| クロシタアオイラガ | 56 | スジグロチャバネセセリ | 47 |
| クロヒカゲ | 42 | スジボソヤマキチョウ | 22 |
| クロマダラソテツシジミ | 31 | スミナガシ | 36 |
| クロミドリシジミ | 28 | セスジスズメ | 79 |
| クロメンガタスズメ | 73 | セダカシャチホコ | 82 |
| クロモンアオシャク | 61 | セミヤドリガ | 52 |
| クロモンキリバエダシャク | 64 | ■タ | |
| クロモンドクガ | 87 | ダイセンシジミ | 27 |
| クワエダシャク | 64 | ダイミョウセセリ | 45 |
| クワコ | 69 | タイワンイラガ | 57 |
| ゴイシシジミ | 23 | タケカレハ | 67 |
| コウモリガ | 49 | タテスジシャチホコ | 84 |
| コエビガラスズメ | 74 | チャドクガ | 88 |
| コジャノメ | 40 | チャバネセセリ | 48 |
| コスズメ | 79 | チャバネフユエダシャク | 62 |
| コチャバネセセリ | 46 | チャミノガ | 50 |
| ゴマダラチョウ | 39 | ツヅリガ | 58 |
| コミスジ | 37 | ツバメシジミ | 30 |
| コムラサキ | 39 | ツマキチョウ | 23 |
| ■サ | | ツマグロヒョウモン | 36 |
| サカハチチョウ | 32 | ツマグロフトメイガ | 58 |
| サザナミスズメ | 74 | テングイラガ | 55 |
| サトキマダラヒカゲ | 43 | テングチョウ | 32 |

| | | | |
|---|---|---|---|
| ドクガ | 88 | ホソバシャチホコ | 82 |
| トビイロスズメ | 75 | ホソバセセリ | 46 |

## ■マ

| | | | |
|---|---|---|---|
| トビスジシャチホコ | 83 | マイマイガ | 86 |
| トビモンオオエダシャク | 64 | マダラマルハヒロズコガ | 51 |
| トラフシジミ | 28 | マツカレハ | 68 |

## ■ナ

| | | | |
|---|---|---|---|
| ナカグロモクメシャチホコ | 81 | マメドクガ | 85 |
| ナガサキアゲハ | 17 | ミズイロオナガシジミ | 26 |
| ナシイラガ | 55 | ミスジチョウ | 37 |
| ナシケンモン | 91 | ミドリシジミ | 28 |
| ナミアゲハ | 16 | ミドリヒョウモン | 35 |
| ニセタマナヤガ | 91 | ミナミエグリバ | 97 |
| ニトベミノガ | 51 | ミノウスバ | 53 |
| | | ミヤマカラスアゲハ | 19 |

## ■ハ

| | | | |
|---|---|---|---|
| ハイイロセダカモクメ | 92 | ミヤマシジミ | 31 |
| バナナセセリ | 47 | ミヤマセセリ | 46 |
| ヒオドシチョウ | 34 | ムモンアカシジミ | 25 |
| ヒカゲチョウ | 43 | ムラサキカクモンハマキ | 49 |
| ヒトリガ | 89 | ムラサキシジミ | 24 |
| ヒメアカタテハ | 32 | ムラサキシャチホコ | 81 |
| ヒメアトスカシバ | 52 | ムラサキツバメ | 24 |
| ヒメウラナミジャノメ | 40 | メスグロヒョウモン | 35 |
| ヒメカギバアオシャク | 61 | モモイロツマキリコヤガ | 94 |
| ヒメギフチョウ | 19 | モンキアゲハ | 17 |
| ヒメキマダラヒカゲ | 43 | モンキチョウ | 23 |
| ヒメクロイラガ | 55 | モンクロシャチホコ | 82 |
| ヒメジャノメ | 41 | モンシロチョウ | 21 |
| ヒメヤママユ | 72 | モンシロドクガ | 88 |

## ■ヤ・ラ・ワ

| | | | |
|---|---|---|---|
| ヒロオビトンボエダシャク | 62 | ヤクシマルリシジミ | 30 |
| ヒロヘリアオイラガ | 56 | ヤマトカギバ | 58 |
| フクラスズメ | 96 | ヤマトシジミ | 29 |
| フタヤマエダシャク | 65 | ヤママユ | 71 |
| ブドウスズメ | 77 | ヨモギエダシャク | 63 |
| ベニシジミ | 29 | リンゴコブガ | 90 |
| ベニシタバ | 95 | リンゴドクガ | 85 |
| ベニスズメ | 79 | ルリシジミ | 30 |
| ホシヒメホウジャク | 78 | ルリタテハ | 34 |
| ホシホウジャク | 78 | ワタノメイガ | 57 |
| ホシミスジ | 37 | | |
| ホソウスバフユシャク | 59 | | |